首都博物馆新馆
建筑设计征集方案集

A COLLECTION OF ARCHITECTURAL
DESIGN SCHEMES FOR THE NEW HALL
OF BEIJING MUSEUM

北京市首都博物馆新馆工程建设业主委员会
BEIJING MUSEUM CONSTRUCTION PROJECT
OWNER'S COMMITTEE

中国建筑工业出版社
CHINA ARCHITECTURE & BUILDING PRESS

《首都博物馆新馆建筑设计征集方案集》 编委会

领导小组　秦德海
　　　　　林　寿　韩　永　杨嗣信　高敷纶

主　　编　毛　钺

副 主 编　王建瑞　王德敏

工作人员　乐　薇　田德春　黄　钢　马怀伟
　　　　　马英豪　李鸣跃　杨　妍　邢　云

目 录
CONTENTS

江泽民同志题字	1	1 Inscription by Comrade Jiang Zemin
首都博物馆新馆工程建设领导小组	2	2 Leading Group of Beijing Museum Construction Project
首都博物馆新馆工程建设业主委员会	2	2 Beijing Museum Construction Project Owner's Committee
委托代理单位	2	2 Authorized Agents
前言	3	5 Preface
第一次征集方案评审委员会名单	7	7 Jury of the First Round Projects Collection
评审报告	8	8 Evaluation Report on the First Round Projects Collection
第二次征集方案参与评议的专家名单	9	9 List of Experts of the Second Round Projects Collection
首都博物馆（新馆）建筑方案设计征集规程	10	10 Rules for Projects Collection of Beijing Museum
附件1　规划设计条件	12	12 Appendix No 1: Conditions for Design Scheme
附件2　设计任务书	14	14 Appendix No 2: The Design Program
中选方案的修改过程及实施方案	21	21 Amendment and Implementation of the Selected Projects
第一次征集方案目录	39	39 Catalog of the First Round Projects Collection
第一次征集方案的经济技术指标一览表	40	40 Economic Index of the First Round Projects Collection
第二次征集方案目录	85	85 Catalog of the Second Round Projects Collection
第二次征集方案的经济技术指标一览表	86	86 Economic Index of the Second Round Projects Selection

首都博物館

江澤民

首都博物馆新馆工程建设领导小组

原领导小组成员

组　长：刘　淇　时任市长
成　员：龙新民　时任市委常委、市委宣传部部长
　　　　汪光焘　时任副市长
　　　　刘敬民　副市长
　　　　刘志华　副市长

现领导小组成员

组　长：王岐山　市委副书记、市长
成　员：蔡赴朝　市委常委、市委宣传部部长
　　　　刘敬民　副市长
　　　　张　茅　副市长
　　　　刘志华　副市长

原领导小组办公室成员

主　任：阎仲秋　市政府副秘书长
副主任：梅宁华　市文物局局长
成　员：刘　志　市计委副主任
　　　　魏成林　市规委副主任
　　　　栾德成　市建委副主任
　　　　郭文杰　市财政局总经济师

现领导小组办公室成员

主　任：阎仲秋　市政府副秘书长
副主任：梅宁华　市文物局局长
成　员：王海平　市计划发展委员会副主任
　　　　张　维　市规委副主任
　　　　冀　岩　市建委委员
　　　　苏　晖　市财政局副局长

首都博物馆新馆工程建设业主委员会

主　任：秦德海
副主任：林　寿
副主任：韩　永
总工程师：杨嗣信
总会计师：高敷纶

主任助理：徐双春
办公室主任：王德敏
规划顾问：毛　钺
法律顾问：吕晓晶

委托代理单位：北京市综合投资公司

前　言

　　北京是中华民族发祥地之一,享誉世界的历史文化名城,有着3000年的建城史和850年的建都史。历史遗存丰富,文化积淀深厚,文脉连续不断,各个历史时期大量的文化遗产都具有极高的研究、保护和展示价值。因此,北京应该有一座全面展示悠久历史和灿烂文化的大型综合博物馆。

　　经过长期的筹建工作,1981年首都博物馆利用孔庙的房舍正式开馆,担负起展现北京历史和文化的重任。孔庙是国家级重点文物保护单位,作为博物馆使用,各类用房严重不足,设施不全,不具备文物保护条件,难以满足博物馆的使用要求,这种馆庙合一的状况对古代建筑和文物保护极为不利,也与北京是全国文化中心、现代化国际大都市的地位极不相称。建设新的首都博物馆既是社会发展、完善城市功能的需要,也是文物保护的需要。因此北京市委市政府决定觅址建设首都博物馆新馆。

　　市委市政府高度重视首都博物馆新馆的建设,为此成立了以刘淇市长(时任)为组长的领导小组,下设办公室以协调各委、办、局的工作关系。成立了首都博物馆新馆工程建设业主委员会作为项目法人,负责组织实施工程建设,北京市综合投资公司为委托代理单位。

　　新馆的馆址定在复兴门外大街与白云路交叉口的西南角,建设用地2.48ha,建筑面积6万 m^2。

　　首都博物馆是北京的地方性大型综合博物馆,以反映北京历史发展为主,全面综合反映北京的地志、自然环境、经济、民族、文化、艺术、民俗等内容。同时,它也是对外文化交流的一个窗口。首博新馆设有展览陈列区、藏品库区、社会教育区、业务办公区、科研区、综合服务区、设备区、安全保卫区和地下车库等9个功能分区。按展陈内容划分,展陈又分为基本陈列(北京历史、老北京民俗)、馆藏精品陈列(书法、绘画、青铜器、瓷器、玉器等)和临时陈列三部分。

　　首都博物馆的性质和功能决定了它的重要地位。它要满足博物馆的功能需要,又要体现出北京所代表的博大精深的中华文化内涵,达到国际先进、国内一流的水平,成为北京又一个标志性的现代文化设施。

　　首都博物馆新馆工程建设业主委员会为确保上述目标的实现采用邀请竞赛的方式进行建筑设计方案征集活动。2000年8月16日向国内外十家设计单位发出邀请信函,北京市建筑设计研究院、中国建筑设计研究院(原建设部建筑设计研究院)、清华大学建筑设计研究院、上海现代建筑设计(集团)有限公司、上海同济大学建筑设计研究院、美国RTKL国际有限公司、美国SOM国际有限公司、德国ABB建筑师事务所、加拿大宝佳国际建筑师有限公司、法国Denis Laming建筑师事务所参加了征集活动。

　　2000年10月12日~13日,由国内外9位资深专家组成的首博新馆建筑设计方案评审委员会对十家设计单位报送的10个设计方案进行了评审。根据征集规则,评出德国ABB建筑师事务所、中国建筑设计研究院、北京市建筑设计研究院的三个方案为入围方案。经业主委员会多方征求意见,初步决定采用北京市建筑设计研究院的方案。

　　新馆设计方案初步确定后,一些专家提了不赞同意见。另外在深化设计过程中,该方案也显现出一些缺陷和不足。为了得到一个更理想的方案,经请示领导小组同意,业主委员会决定进行第二次方案征集。第二次方案征集活动于2001年7月~9月举办,这次活动在征集方式上采取邀请与自愿报名相结合的征集方式,邀请的设计单位有北京市建筑设计研究院、清华大学建筑设计研究院、日本矶崎新设计室、德国克里休斯建筑设计事务所,自愿参加的有法国AREP规划设计交通中转枢纽公司和法国DUBOSC & LANDOWSKI ARCHITECTES。征集内容偏重于概念设计,并规定每个参赛设计单位可以提供1~3个设计方案或概念性方案,第一次征集活动的初选方案修改后可作为第二次的征集方案参加评审。

　　2001年9月1日收到12个设计方案及概念方案，业主委员会分别召开了建筑、规划专家(25位)、在京工作的文博工作者和在京开会的全国21个主要博物馆馆长以及有关部门领导参加的三种类型的研讨会，并进行了问卷测评，绝大多数选票集中到以下四个方案：即法国AREP规划设计交通中转枢纽公司与中国建筑设计研究院联合设计的方案、清华大学建筑设计研究院的方案(三)、矶崎新设计室的方案(一)和德国克里休斯建筑设计事务所的方案。业委会又请他们分别进行了修改，并再次召开专家论证会。最后，业主委员会根据各方的意见报请领导小组批准决定法国AREP规划设计交通中转枢纽公司和中国建筑设计研究院联合设计的方案中选。历时一年的两次征集活动至此结束。

　　上世纪80～90年代以来，我国的博物馆建设进入一个高潮，博物馆的功能定位、设计方案征集文件的编制、征集方式、评选办法以及建筑设计方案选择等方面都需要研究和探讨，首博新馆建筑设计方案两次征集活动，受到了被邀请及自愿参加单位的积极响应，他们为此付出了辛勤的劳动。有的方案虽未能入选，但很有创意，值得今后博物馆建设借鉴.故此我们将首都博物馆建筑方案征集文件、征集过程及征集到的设计方案编成一个专集出版，以供广大博物馆界和建筑设计人员以及大学建筑专业师生作为资料参考。

Preface

Beijing, one of the birth-place of the Chinese nation, enjoys high reputation in the world cultural history for its long history and splendid culture. Having stood on its site for more than 3000 years, Beijing serves as a capital for 850 years. Its great cultural heritage in different dates is worth to study, protect and exhibit. Hence, Beijing should have a large comprehensive museum that can show its long history and splendid culture in all fields.

After planning over a long period of time, the Beijing Museum was started to build based on the houses of Confucius Temple in 1981 and was responsible for showing the culture and history of Beijing. The Confucius Temple is one of the historical and cultural relics under state protection. Due to its shortage of houses and facilities needed for a proper museum, the temple cannot play its dual role as both a museum and a temple at the same time, which is harmful for the ancient architecture and cultural relic protection and is also utterly unsuited to Beijing's status —— the center of the country's culture and a modern international metropolis. To build a new museum is not only in the need of social development and perfecting city functions but also to meet the requirement of cultural relic protection. Therefore, the Beijing Municipal Party Committee and the Beijing Municipal Government decided to build Beijing Museum on a new site.

The Beijing Municipal Party Committee and the Beijing Municipal Government attached great importance to the building of Beijing Museum, founded a leading group headed by the former mayor Liu Qi and an office to contact with committees, offices and bureaus. Beijing Museum Construction Project Owner Committee (hereinafter referred to as Project Owner Committee) was founded as the project entity in charge of the organization and implementation of construction. Beijing Municipality Comprehensive Investment Cooperation was appointed as the agency.

The new site of Beijing Museum located at No.16, Fuxingmenwai Street, the south-west corner of the crossroad of Fuxingmenwai Street and Baiyun Road, occupies 2.48 hectares of land and 60,000 sq. m. floor space.

Beijing Museum is a local comprehensive museum. It should showcase the history of Beijing and reflect its topography, natural environment, economy, nationality, culture, art and folk-custom. Meanwhile, it should be a window of cultural exchange with the outside world. It consists of 9 functional sections —— showrooms, storage, social education section, office section, scientific research section, services section, equipments section, security section and underground garage. The museum features three major display themes that are Basic Display (the history of Beijing, old Beijing folk-custom), Treasures of the Museum (calligraphy, painting, bronze ware, porcelain and jade article) and Temporary Exhibitions.

The important position of the Beijing Museum lies on its characters and functions. It should not only be a building that meets the due requirements as a museum but also a modern landmark that is 'first class at home, advanced in the world'. The Museum should also embody the richness of Chinese culture that represented by Beijing.

In order to achieve all the above goals, the Project Owner Committee has invited designers from domestic and abroad to join the bidding of architectural design schemes. On 16th August, 2000, invitation letters were sent to 10 design organizations of home and abroad, which includes Beijing Institute of Architectural Design and Research, China Architecture Design & Research Group (the former Institute of Architecture Design & Research of Ministry of Construction), Architectural Design & Research Institute of Tsinghua University, Shanghai Modern Architectural Design (Group) Co., Ltd, The Architectural Design & Research Institute of Tongji University, RTKL International Co., Ltd (U.S.A), SOM International Co., Ltd (America), ABB Architect (Germany), Architects Crang & Boake Inc. (Canada), Denis Laming Architects (France).

From October 12 to 13, 2000, the review panel composed of 9 senior experts from home and a broad reviewed design schemes submitted by the above-mentioned design organizations. 3 plans, submitted by the ABB Architect (Germany), China Architecture Design & Research Group and Beijing Institute of Architectural Design & Research respectively, were selected to enter the final competition. After thorough consultation, the Project Owner Committee decided primarily to adopt the plan submitted by the Beijing Institute of Architectural Design & Research.

Some experts expressed their observations for the design, which, in addition, unfolded some shortages that were difficult to overcome when deepening the design regulation. To acquire a more perfect plan, approved by the leading group, the Project Owner

Committee decided to undertake another bidding process. The second bidding process was hold from July to September in the year of 2001. Different from the last initiative, voluntary entry was encouraged as well. The organizations invited including Beijing Institute of Architectural Design & Research, Architectural Design & Research Institute of Tsinghua University, Arata Isozaki & Associates (Japan), Kleihues+Kleihues (Germany). In addition, two organizations-AREP (France) and Dubosc & Landowski Architectes (France), participated without an invitation. The content of the collection put particularly emphasis on the concept designs. Each participant could submit 1 to 3 designing projects or conceptual projects, and the previous project submitted in the first time can be used after revised.

By September 1, 2001, 12 design schemes and conceptual projects were collected. The Project Owner Committee held 3 types of discussions participated respectively by 25 architects and Urban planners, senior researchers from Beijing's museums and 21 curators attending meetings in Beijing as well as leaders of the department concerned. Meanwhile, questionnaires were used for survey. The following 4 projects led the rest with a large margin, namely: the project designed by AREP (France) and China Architecture Design & Research Group, the 3rd project of Architectural Design & Research Institute of Tsinghua University, the 1st project of Arata Isozaki & Associates (Japan) and the project of Kleihues+Kleihues (Germany). After the four projects were revised by their designers, the Project Owner Committee held again a professional seminar. Finally, the project designed by the AREP (France) and China Architecture Design & Research Group was selected. Thus the collection of design schemes ended with one year.

Since 1980s, museums of various kinds have been built across our country. Proper ways to handle the identification of museum typology, the compilation of design collection files, methods to collect designs, reviewing mechanisms and final decision making should be discussed and improved. The two rounds of collection of design plans were positively responded by both invited bidders and voluntary participants. Although some plans were not chosen, they have brought to us some creative ideas which could provide references to the building of museums in the future. Hence we compiled and published this special issue with all the files used in the process of collecting the design plans of Beijing Museum and all the designs collected, to provide a reference for museum staff, architects and teachers and students of architectural subject.

第一次征集方案评审委员会名单

主　席　彭一刚　　　　　　　中国工程院院士、天津大学教授
委　员　何镜堂　　　　　　　中国工程院院士、工程设计大师、华南理工大学建筑学院院长
　　　　矶崎新　　　　　　　世界著名建筑师、矶崎新设计室(日本)
　　　　柯焕章　　　　　　　教授级高级建筑师、北京市城市规划设计研究院院长
　　　　李保国　　　　　　　中国历史博物馆高级工程师
　　　　吕济民　　　　　　　中国博物馆学会理事长、原国家文物局副局长
　　　　约瑟夫·克里休斯　　世界著名建筑师、克里休斯建筑事务所(德国)
　　　　莫伯治　　　　　　　中国工程院院士、莫伯治建筑事务所
　　　　单霁翔　　　　　　　高级工程师、北京市规划委员会主任

评 审 报 告

2000年10月12日～13日在北京市西城区复兴门南大街2号甲天银大厦一层展览厅召开了"首都博物馆(新馆)建筑设计方案评审会"。此次参加方案设计征集的有国内、外10家设计机构,共提出了10个设计方案,经技术小组预审和北京市朝阳区公证处公证,认为均符合"首都博物馆(新馆)建筑方案设计征集规程"要求,是有效方案。

参加这次征集活动的国内外设计机构都是富有创新精神和丰富设计经验的,并且在方案设计中付出了艰辛的劳动。

评委们以认真负责的态度踏勘了现场,观看了方案设计音像解说,阅读了设计机构所提供的设计文件,并按方案设计征集规程要求,对各应征方案作了深入细致的讨论,在分析比较了各方案的优缺点后,本着公平、公正、公开的原则进行了两轮无记名投票,最终选出了三个方案作为入围方案。这三个方案的得票率均超过了评委人数的半数,符合于方案设计征集规程的要求。这三个方案是:

    G   ABB建筑师事务所(德国)

    B   建设部建筑设计院(中国)

    J   北京市建筑设计研究院(中国)

整个评审过程都是在北京市朝阳区公证处的严格监督下进行的。在评审过程中,评委们还对入围设计方案的进一步完善提出了不少意见和建议,有关内容将由工作人员整理后作为附件,供业主委员会在选择实施方案时作为参考。

职 务	姓 名	签 名
评审委员会主席	彭一刚	
评委(按姓氏英文字母排列)	何镜堂	
	矶崎新 Isozaki Arata	
	柯焕章	
	李保国	
	吕济民	
	约瑟夫·克里休斯 P.Kleihues Josef	
	莫伯治	
	单霁翔	

第二次征集方案参与评议的专家名单

傅熹年	中国工程院院士、中国建筑设计研究院顾问总建筑师
吕济民	中国博物馆学会理事长、原国家文物局副局长
黄星元	工程设计大师、中国电子工程设计院总工程师兼总建筑师
曹亮功	工程设计大师、中国中元国际设计研究院副院长、总建筑师
赵冠谦	工程设计大师、中国建筑设计研究院顾问总建筑师
窦以德	中国建筑学会秘书长、教授级高级建筑师
柯焕章	北京市城市规划设计研究院院长、教授级高级建筑师
王 迁	中国国际工程咨询公司社会事业项目部高级工程师
周庆琳	国家大剧院业主委员会总建筑师
宋向光	北京大学塞克勒艺术博物馆副馆长、教授
吴耀东	清华大学建筑学院教授、《世界建筑》杂志副主编
徐乃湘	故宫博物院展陈部副主任、研究馆员
周宝忠	中国历史博物馆研究馆员
李保国	中国历史博物馆高级工程师
叶书明	北京建筑工程学院前任院长、教授
姜中光	北京建筑工程学院教授
业祖润	北京建筑工程学院教授
英若聪	北京建筑工程学院教授
寿震华	中国建筑科学研究院副总建筑师
齐 欣	齐欣建筑设计咨询公司总建筑师
潘金华	五洲工程设计研究院副院长、总建筑师
庄念生	中国建筑设计研究院教授级高级建筑师
布正伟	中房设计院总建筑师
任 明	北京市维拓时代建筑设计院副院长、总建筑师
窦晓玉	中国航天建筑设计研究院副院长、总建筑师

首都博物馆（新馆）
建筑方案设计征集规程

北京具有50万年的人类发展史，3000年的建城史和近千年的建都史，留下了极为丰富的历史文化遗产，融合了我国不同时期、众多民族的优秀文化。北京作为世界著名的历史文化名城、文明古都、当代中国的政治中心、文化中心和国际交往中心，需要建设一座全面反映北京的悠久历史、灿烂文化、革命传统和现代化建设成就，展示国际大都市风貌的博物馆，以满足北京市民和国内外旅游者日益增长的精神文化需求。北京市政府决定，在西长安街延长线上建设首都博物馆（新馆）。

首都博物馆（新馆）拟建成一流的、现代化的、大型的综合性博物馆，它将成为北京重要的标志性建筑之一。北京市首都博物馆新馆工程建设业主委员会现开始征集首都博物馆（新馆）建筑方案（以下简称方案），同时欢迎国内外具有丰富建筑设计经验和相应资质的设计机构自愿参加此次竞赛活动。

一、项目概况
1. 名　　　　称：首都博物馆（新馆）
2. 建设用地面积：24000m²
3. 总 建 筑 面 积：60000m²
4. 建 设 地 点：中国北京市西城区复兴门外大街16号
5. 业　　　　主：北京市首都博物馆新馆工程建设业主委员会
（以下简称业主委员会）
6. 承 办 机 构：北京市综合投资公司

二、日程安排
1. 2000年8月17日8：30—17：00（北京时间，以下所指时间均为北京时间）在北京市西城区复兴门南大街2号甲（天银大厦A西座）5层507房间发售本竞赛规程，同时参加竞赛者应交纳保证金，其中境内设计机构为8000元人民币，境外设计机构为1000美元。

2. 现场踏勘与答疑
(1) 2000年8月19日上午9：00在燕京饭店大堂集合统一组织现场踏勘。
(2) 所有问题均应以书面、传真方式发/送至北京市综合投资公司首都博物馆建设工程项目经理部，截止日期为2000年8月24日17：00。
地　　址：北京市西城区复兴门南大街2号甲（天银大厦A西座）507房间。
电　　话：（010）66413960
传　　真：（010）66413959
邮　　编：100031
网　　址：http://www.bjww.gov.cn（北京市文物局网址）
联 系 人：王建瑞　李成福
(3) 答疑
2000年8月27日在北京市文物局网址上以中英文统一公布答疑结果（所有问题的答疑结果均以此为准）。

3. 方案送达截止时间
2000年10月8日17：00为方案成果送达截止时间。
送达地点：北京市西城区复兴门南大街2号甲（天银大厦A西座）首层展厅。

4. 方案评选
(1) 2000年10月9日～15日进行方案审核、布展和评选。
(2) 2000年10月20日23：00在北京市文物局网址上公布方案入围评选结果。

三、应征方案成果的要求
1. 方案成果文本文件内容和格式的要求
(1) 总平面说明：包括平面布局、城市设计概念、交通组织及停车数量、绿地布置、经济技术指标（经济技术指标按附件2中附表2填写）。
(2) 建筑方案设计说明：包括创意、平面功能、主要部位装修、观众参观路线及展品流程、设施要求、面积分配等。
(3) 土建结构、水、暖、强弱电、天然气、消防、安防、环保等各专业设计的说明。

(4)工程造价估算(包括土建工程、装修及设备安装)。

(5)采用新材料、新设备、新技术的说明。

上述的文字说明均应简明扼要。

2．方案设计成果图形文件的要求

(1)总平面图1∶500。

(2)建筑平面图、立面图、剖面图，规格为A1(594mm×841mm)。

(3)交通组织图及地面停车场布置，图纸比例不限。

(4)绿地及环境分析图，图纸比例不限。

(5)流程分析图(工艺流程图、人流、货流分析图)，图纸比例不限。

3．方案设计成果的图形文件数量

(1)提供上述第2条中方案设计成果图形文件的原图1份，A3缩印本15份。

(2)提供展示图一套，限交图纸10张，规格为A1(594mm×841mm)。图纸内容为总平面布置图、主要平面图、立面图、剖面图、鸟瞰透视图、主体建筑透视图、夜景透视图、主体建筑大厅透视图等。展示图均应贴裱在700mm×1000mm的轻质板上。

4．方案设计成果模型的要求

(1)总平面模型(包括周边环境)1个，比例为1∶500。

(2)单体建筑方案模型1个，比例为1∶200，要求模型色彩能反映真实效果。

(3)用地红线范围内体量模型1个，比例为1∶1000(整体环境模型由业主委员会提供)。

5．提供放映时间不超过10分钟的光盘1张，在光盘中不得有显示其机构身份的标识，不得有音乐背景，应配有中文标准普通话解说。

四、送达应征方案成果的有关规定

1．应征方案成果的标识

为保证方案成果征集活动的公正性，各应征机构不得在应征方案成果上有标明机构身份的各种标识，仅在原图首页背面密封(非透明)处标明应征机构的名称及联系方式。

2．应征文件用语

所有应征文件、说明书、图纸均须采用中英文对照格式，如中文文本与英文文本有不一致之处，以中文文本为准。

五、评选委员会组成

1．评选委员会由建筑、城市规划、博物馆等方面专家及业主代表组成。

2．评选委员会下设一个工作小组，对方案进行技术审查等工作，工作小组没有评选权。

六、方案的评选原则

1．报送的应征方案成果均须符合本竞赛规程的所有规定及要求。

2．方案设计成果应反映时代风貌，满足现代化博物馆的功能要求，并充分体现北京作为国际大都市的风范。

3．设计方案符合环保、生态、绿化要求，具有较高的科技含量。

4．技术先进、经济合理、有可实施性。

七、评选办法

1．评选委员会对有效的应征方案进行投票评选，得票半数以上(含半数)按得票数的顺序产生出入围方案3名，如未达到上述条件可缺额。

2．评选委员会将入围方案提交业主委员会，入围方案的设计机构应按业主委员会的要求对本方案进行无偿修改。

3．由业主委员会从入围方案中选出一个中选方案，中选方案的设计机构可以继续承担实施方案的设计(包括初步设计和施工图设计，以下同此)。中选方案的设计机构，应在得知中选后10日内，书面通知业主委员会是否承担实施方案的设计。如在限定日期内未予书面回复，则视为放弃实施方案设计的权利，业主委员会一次性支付中选奖金。

中选方案的设计机构无论是否承担实施方案的设计，其方案设计成果的版权均归业主委员会所有。

4．如业主委员会未选出中选方案，则由业主委员会另行决定设计方案征集的方式。

5．若中选者系港、澳、台地区或境外机构，按中华人民共和国建设部的规定须与国内具有甲级设计资质的机构合作设计实施方案。

八、费用

1. 成本补偿费：接受邀请未入围的有效方案，均可获得成本补偿费2万美元，设计者为境外机构的每个方案另外补助差旅费1万美元。

2. 入围奖金：入围方案各获得奖金6万美元（不再享受成本补偿费及差旅补助费）。

3. 中选奖金：中选方案可获得奖金20万美元（不再享受入围奖金、成本补偿费及差旅补助费）。

4. 设计费用：中选方案的设计机构与业主委员会约定继续承担实施方案设计的，其设计费不超过建设工程投资4.6亿元人民币的5%，其中选奖金从设计费中冲抵。

5. 自愿参加征集的入围方案享受同额奖金；未入围方案不享受补偿和补助费用。

6. 国内设计机构的各项费用以送达方案成果截止日的美元汇率计算，支付人民币。

7. 上述费用（设计费除外）在公布最终评选结果后30天内付清。

九、适用法律

本征集规程适用中华人民共和国法律。

十、应征者义务

1. 参加本次方案征集活动的机构均视为承认本征集规程的所有条款。

2. 应征机构应保证应征方案成果不侵害任何第三方的权利，不得存在由第三人提出权利主张的情况。

十一、说明

1. 本次活动的应征文件和模型均不退回。业主委员会无偿享有将本次活动的所有应征方案进行展览、印刷、出版的权利。

2. 经审核，方案成果有效的，其保证金应在应征方案确定有效后10日内退还；凡违背本征集规程规定的应征方案成果无效，业主委员会不支付任何费用，保证金不退还。

3. 本征集规程各条款的解释权属于业主委员会。

4. 业主委员会委托公证机关对本次活动进行全过程公证。

附件1　　　　规划设计条件

一、建设用地情况

用地呈梯形，建设用地面积为24000m²，北临复兴门外大街（城市道路主干道，红线宽80m），东临白云路（红线宽50m），南侧隔15m区间路为住宅区，西侧隔20m区间路为复兴医院、三十三中学，详见首都博物馆（新馆）建设用地范围图。

二、土地使用性质

博物馆及其附属用房。

三、用地使用强度

建筑密度不超过40%。

四、建筑设计要求

1. 总建筑面积：60000m²。

2. 建筑高度：该地区建筑控制高度为60m以下，建筑可根据功能要求、造型需要及城市空间环境设计确定高度。

3. 建筑退规划用地边界线距离：

北侧退复兴门外大街南红线15m，也可结合广场绿化等因素作适当调整，在总面积不变的情况下，局部退线最低不得少于10m。东侧退白云路西红线10m。西侧退红线5m。南侧建筑物基础和台阶不得越过红线。

4. 建筑间距应满足《北京市生活建筑间距暂行规定》。

5. 绿化：绿地率不少于35%。

6. 交通出入口方位：

（1）为减少对复兴门外大街和白云路的交通干扰，交通流线右进右出。博物馆职工及货物的交通流线应尽量利用西侧和南侧的区间路；观众的机动车出入口应由西侧和南侧的区间路引入，也可在用地东侧和北侧的中部设置观众步行及机动车出入口。

（2）停车数量

1）机动车位：按不少于40辆/万m²的要求设置车位，地面停车面积约2000m²，其中应考虑同时停放不少于10辆的大轿车。

2）自行车：800辆。

7. 设置残疾人无障碍设施。

五、城市设计要求

1. 建筑风格应体现出现代化博物馆的建筑特色。
2. 考虑周围建筑物的空间环境关系及博物馆需要。
3. 建议在临复兴门外大街一侧设计文化广场并对社会开放。
4. 建筑造型应考虑整体景观和城市夜景景观效果。

六、用地市政条件

1. 用地北侧的复兴门外大街有现状 $DN400$ 上水管线，$DN400 \sim DN800$ 的雨水管线，$DN500$ 天然气中压干线、$DN300$ 中压支线及 $DN400$ 低压管线。
2. 用地红线西侧有现状 $DN200$ 和 $DN400$ 上水管线、$DN800$ 污水干线。
3. 用地东侧有 $DN400$ 上水管线。
4. 用地红线南侧区间路上规划有 $DN300$ 上水管线，有现状城市热力管线。

首都博物馆新馆区位图

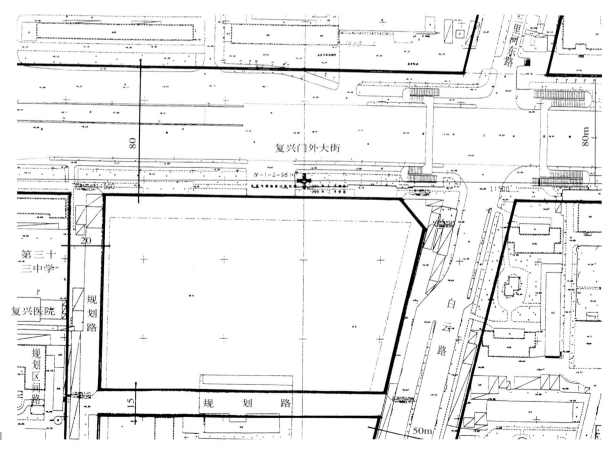

建设用地范围图

附件2　　　　设计任务书

一、设计指导思想

1. 新建的首都博物馆要体现北京作为国家政治中心、文化中心和国际交往中心的地位，集中反映北京悠久的历史和灿烂文化，突出展示北京国际大都市的风貌。

2. 新建的首都博物馆将是北京重要的标志性建筑之一，要求该建筑是一座现代化的、一流的建筑精品，具有时代气息和鲜明特色。

3. 新建的首都博物馆作为北京重要的大型文化设施，要充分展示社会主义新时期文化蓬勃向上的精神，其建成后将成为北京悠久历史和灿烂文化的象征，成为一个独具特色的参观旅游景点和群众喜爱的文化休闲教育场所。

4. 新建的首都博物馆地处西长安街延长线上，要与其地理位置和性质相协调。

二、设计原则

1. 设计要体现以人为本、先进、合理、适用的原则，既要做到布局合理、功能完善、设施先进，又要满足较长时期的发展使用要求。

2. 设计要体现以文物为本的原则，满足文物藏品的陈列展览、安全收藏与保护、科学研究、国际文化交流及其他业务正常开展的需要。

3. 设计要符合博物馆工艺设计要求，要具有适用性、科学性和艺术性。

4. 设计应符合建筑形式与使用功能相协调的原则，室内与室外、地上与地下相结合的原则。

三、功能性工艺要求

根据功能定位，新建的博物馆将由藏品库区、展陈区、社会教育区、业务科研区、行政办公区、安全保卫区、综合服务区、设备用房、地下车库等九部分组成，主要功能区间相互关系见下图：

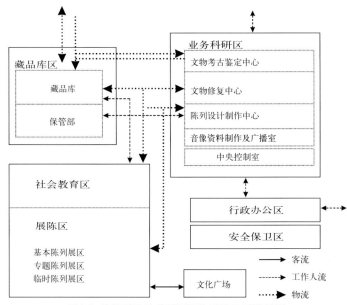

图1.1　首都博物馆(新馆)建设区域关系流程图

四、功能区建筑面积及设计要求

1. 藏品库区

该库区为一相对独立的区域，在库房与展厅之间有封闭性专用通道。库区宜利用地下空间，整个库区建筑要求做到"十防"：防火、防震、防水、防盗、防潮、防雷、防干、防光、防污染、防虫菌。该区设置坡道及客梯一部、货梯两部。该区由库前区、藏品库、保管区三部分组成，总建筑面积约

11000m²。该区各功能面积分配如下：

藏品库区功能分配表　　表1.1

序号	功能区	建筑面积(m²)
1	库前区	660
2	藏品库	9840
3	保管区等用房	500
4	小计	11000

藏品库区各部分设计要求如下：

(1) 库前区

库前区是文物进入藏品库之前进行处理的场所，分为"出纳段"和"熏蒸段"两个部分，且另设有暂存一库、暂存二库。该区要求设置文物装载车辆停靠的装卸平台，高度应便于文物的装卸。库前区应保持一个相对封闭环境，位置应远离开放区。出纳区面积约200m²，室内净高不低于4m。熏蒸区要求设有10m³减压熏蒸罐一座，清洗及干燥间要求串联布置，面积分别为90m²。"暂存一库"、"暂存二库"要求密闭单独成间，每间面积约100m²。该区总建筑面积约660m²。

(2) 藏品库

根据现有文物及未来文物数量预测，藏品库容量按25万件左右设计。每间库房面积可为100～200m²，库房净高2.8～3.0m，该库区采用人工光源，库房电路控制设备设在库房门外，总控制设备在库区外。库区空气要求经过清滤，库房有恒温恒湿要求。该库总建筑面积约9840m²。藏品库房面积建议如下：

藏品库分类及库房面积建议表　　表1.2

名称		间数(间)	每间面积(m²)	总面积(m²)
第一库区	陶器库	2	150	300
	瓷器库	3	200	600
	丝织品库	1	200	200
	鼻烟壶库	1	100	100
	金器库	2	100	200
第二库区	铜器库	6	200	1200
	铁器库	1	150	150
	玉器库	2	100	200
	文房四宝库	2	100	200
	竹木漆器库	1	150	150
	印章库	1	100	100
	古代家具库	2	150	300
第三库区	国画库	1	200	200
	书法拓印库	1	100	100
	年画、水陆画	1	100	100
第四库区	佛像库	7	200	1400
	钱币库	1	100	100
	经版库	12	200	2400
第五库区	民俗库	2	150	300
	革命文物库	2	150	300
第六库区	社建库	1	1240	1240
小计：				9840

(3) 保管区

保管区设立文物档案室、保管员工作室和文物周转用房，建筑面积约500m²。

在藏品库区与展陈区之间要求设置封闭性专用通道，以方便文物的提取及保障文物的安全。

藏品库区通往展区的通道前后设有2间周转房。

2. 展陈区

该区为博物馆对外开放区域，高峰日参观人数约6000人次，年参观人数约100万人次，建筑面积约25000m²。展陈区由基本陈列区、专题陈列区和临时陈列区三个部分组成。每部分设计要求如下：

(1) 基本陈列区

基本陈列区可考虑整体布局，展区室内净高4.5～6.0m，展区总建筑面积约7000m²。

(2) 专题陈列区

专题陈列区由书画精品厅、绘画艺术馆、瓷器厅、青铜器厅、玉器厅、古代钱币馆、宗教艺术馆、印章馆、古代家具馆、历代服饰馆、戏曲艺术馆、古代建筑馆等12个专题陈列厅组成，每厅面积在500m²左右。展厅可采用并联式或放射式布局，室内净高不小于4.5m。其中，戏曲艺术馆要求有一个室内净高大于8.0m，面积为300m²左右的小型区域，用于复原戏楼和观众欣赏。该展区建筑面积约6000m²。

(3) 临时陈列区

临时陈列分为5个临时展厅，3000m²、2000m²展厅各一个，1000m²展厅3个，展区建筑面积约8000m²。其中，3000m²的临时展厅宜采用便于组合的大开间，2000m²展厅的室内净高不小于8.0m，其他展厅的室内净高不小于4.5m。

为便于搬运展品及引导观众，临时展厅宜单独设置，为适应单独组织展览的需要，临时展厅需设独立人流、物流的出入口。

展陈区各陈列区功能及配套设施面积建议如下：

展陈区功能分配表　　表1.3

序号	功能区	建筑面积(m²)	备注
1	中央大厅	2000	
2	基本陈列	7000	
3	专题陈列	6000	共12个展厅
4	临时陈列	8000	共5个展厅
5	观众参与室	800	内容在展陈设计时考虑
6	多媒体视听室	200	为观众提供文物的声像资料
7	电化教育室	150	
8	观众休息处	400	根据需要分散设置，在展厅和走廊设置一定数量的座椅
9	讲解员休息室	50	
10	卖品处	400	
	小　计：	25000	

3. 社会教育区

社会教育区由多功能报告厅、贵宾接待室、对外文化交流中心、资料信息中心、文物技术培训中心等组成，建筑面积约3200m²。各部分面积建议如下：

社会教育区功能分配表　　表1.4

序号	功能区	建筑面积(m²)	备注
1	多功能厅	900	600人座位
2	接待室	500	200、300各一个
3	对外文化交流中心	600	
4	资料信息中心	500	内设有图书资料库、善本书库和碑帖书库、阅览室、摄影室
5	培训教室	500	
6	社教部	150	
7	辅助用房	50	
小计：		3200	

其中：资料信息中心室内净高要求不小于3.5m。

4. 业务科研区

业务科研区由文物修复中心、考古鉴定中心、陈列设计制作中心、中央控制室等组成，建筑面积约2800m²。各部分面积建议如下：

业务科研区功能分配表　　表1.5

序号	功能区	建筑面积(m²)	备注
1	文物修复中心	1000	要求宽敞明亮，自然光线充足
2	音像资料制作室	100	
3	中央控制室	500	
4	文物考古鉴定中心	600	
5	陈列设计制作中心	500	
6	教育及广播室	100	
小计：		2800	

业务科研区内除中央控制室外，其余区域应相对紧凑。文物修复中心、考古鉴定中心应与库区来往便捷，应设在较隐蔽处，通风设备要完好，在进入中央控制室之前要设有一个缓冲区，控制室内应设值班人员休息室。

5. 行政办公区

行政办公区按管理人员58人、业务人员102人，物业管理人员20人规模设置，建筑面积约2900m²。各部分面积建议如下：

行政办公区功能分配表　　表1.6

序号	功能区	建筑面积(m²)
1	行政管理	870
2	业务办公	1530
3	物业管理办公室	300
4	食堂等辅助用房	200
小计：		2900

6. 安全保卫区

该区为驻博物馆武警办公用房及营房，建筑面积约900m²。

7. 综合服务区

该区与主体建筑空间分离，可以单独对外开放。该区总建筑面积约3400m²。各部分面积建议如下：

综合服务区功能分配表　　表1.7

序号	功能区	建筑面积(m²)
1	餐厅	900
2	商品部	500
3	文博服务设施	2000
	小计：	3400

8. 设备区：

该区应充分利用主体建筑地下部分，根据新馆的功能要求，设置设备用房（包括空调机房、变配电室、水泵房、消防气瓶间等），该区建筑面积不超过4800m²。

9. 地下车库

要求建筑面积不超过6000m²，与藏品库区和展陈区有一定的隔离或安全防爆措施。

五、结构设计要求

1. 抗震按基本烈度8度设防，库房按8度以上适当加固设防。

2. 耐久等级为100年，藏品库房和陈列室的楼面荷载4kN/m²。

3. 由于地铁一号线从博物馆北侧地下通过，为减少震动对文物的不良影响，设计时应考虑减震措施。

4. 要求按建筑规模的3%设计人防空间，人防等级为5级。

六、消防设计要求

1. 建筑耐火等级为一级。

2. 消防系统按《博物馆建筑设计规范(JGJ66-91)》、《高层民用建筑设计防火规范(GB50045-95)》中有关要求设置。其中珍藏库及馆内收藏纸质书画、织品等遇水即损的藏品库房、中央控制室、文物及绘画展厅、声像资料文书档案等要求设置气体灭火装置，普通藏品库和陈列室要求设置预防作用的自动喷水灭火系统，车库要求设置干式喷淋系统。

七、室内环境要求

1. 全馆要求采用集中空调系统，根据各功能区的不同需要控制室内的温度、湿度、洁净度和均匀度（见附表1）。

2. 对温湿度有严格要求的部分库区及展区，要求独立设置恒温恒湿空调机组。

3. 藏品库房和陈列室对室外新风要采取过滤净化措施。

4. 熏蒸室要求设置独立的排风系统，废气排放要符合国家有关规定。

5. 藏品库房和展区要求有可靠的防潮防水措施。

八、供电及采光照明要求

1. 首都博物馆（新馆）供电属一类负荷，要求具有双路供电电源，并要求设置用于保护重要负荷的备用柴油发电机组。

2. 展厅要求采用人工照明；文物库房要求采用人工冷光源照明；其他用房采用人工照明与天然照明相结合。展品的照度要符合规范的规定（见附表3、4）。

九、安防要求

首都博物馆（新馆）为一级风险单位，其安防系统要求具备以下子系统：

(1) 报警、门禁管理系统。

(2) 辅助照明系统。

(3) 巡更系统。

(4)声音复核系统。

(5)电视监控系统。

(6)安防通信系统。

(7)安防供电系统。

(8)安防传输系统。

(9)取证记录系统。

十、智能化要求

首都博物馆(新馆)是一个智能化建筑，馆内要求设置楼宇自动化系统、通信自动化系统和办公自动化系统。

十一、造价要求

应采取有效措施控制造价，要求土建工程、部分装修及设备安装投资约为4.6亿元人民币。

各功能区空调室内设计参数　　附表1

区域	夏季		冬季		新风量
	温度℃	湿度%	温度℃	湿度%	m³/h 人
展区	24±2	60±5	20±2	50±5	20
藏品库	22±2	60±5	20±2	50±5	10
珍品库	20±1	50±5	20±1	50±5	10
社教区	25±2	60±10	20±2	50±5	25
文物保护	24±2	60±5	20±2	50±5	15
办公区	25±2	60±10	20±2	50±5	20
会议室	25±2	60±5	20±2	50±5	25
餐厅	26±2	60±10	20±2	50±5	25

经济技术指标一览表　　附表2

编号	项目名称	编号	面积(m²)	比率(%)	计算方式
一	建设用地	1			
	建筑基底面积	2			
	广场用地	3			
	绿化用地(其中地下建筑上部的绿地面积)	4			
	道路及停车场用地	5			
二	总建筑面积	6			
	地上建筑面积	7			
	地下建筑面积	8			
三	建筑密度	9			2÷1
四	容积率	10			7÷1
五	绿地率	11			4÷1
六	建筑高度	12	(m)		
七	层数	13			
八	机动车停车数	14	(辆)		
	地上停车数	15	(辆)		
	地下停车数	16	(辆)		
九	自行车停车数	17	(辆)		
	地上停车数	18	(辆)		
	地下停车数	19	(辆)		

展陈室展品的照度标准　　附表3

展品类别	最高照度(lx)
对光特别敏感的展品如：丝、棉麻等纺织品、织绣品，中国画、书法、拓片、手稿、文献、书籍、邮票、图片、壁纸等各种纸质物品，壁画、彩塑、彩绘陶俑、含有机材质底层的彩绘陶器染色皮革，动植物标本等	50
对光敏感的展品如：漆器、藤器、木器、竹器、骨器制品，油画、蛋清画，不染色皮革	150
对光不敏感的展品如：青铜器、铜器、铁器、金银器、各类兵器、各种古钱币等金属制品，石器、画像石、碑刻、砚台、各种化石、印章等石质器物，陶器、唐三彩、瓷器、琉璃器等陶瓷器，珠宝、翠钻等宝玉石器，有色玻璃制品、搪瓷、珐琅等	300

其他场所的照度标准　　附表4

场所	参考平面	照度标准(lx)
1.门厅	地面	200
2.进厅	地面	75
3.美术制作室	0.75m水平面	300
4.报告厅	0.75m水平面	200
5.接待室	0.75m水平面	300
6.警卫值班室	0.75m水平面	50
7.鉴定编目室	0.75m水平面	300
8.摄影室	0.75m水平面	100
9.熏蒸室	实际工作面	100
10.实验室	实际工作面	200
11.修复室	实际工作面	750
12.复制室	实际工作面	750
13.标本制作室	实际工作面	750
14.研究阅览室	0.75m水平面	300
15.藏品缓冲间	地面	50
16.藏品库房	地面	75
17.藏品鉴定室	0.75m水平面	300
18.办公室	0.75m水平面	200
19.售票处	售票台面	200

中选方案的修改过程
及
实施方案

图1 中选方案

图2 修改方案一

图3 修改方案二

中选方案(图1)的深化设计是由法国AREP公司和中国建筑设计研究院联合完成的。初步设计和施工图是中国建筑设计研究院完成的，AREP公司参与了初步设计阶段工作。

对中选方案建筑造型的意见主要有三点：一是该建筑位于复兴门外大街与白云路交叉路口，建筑应与之有所呼应；二是馆藏精品展厅的造型过于器物化，缺乏建筑语言，与其他两栋建筑不协调；三是整体性不够。

在解决与路口的呼应关系时，自然想到了两种常用的处理手法，一种是让建筑的两个立面分别平行两条道路红线，另一种是在路口用建筑围合成一个广场。在这里，第一种处理手法建筑物沿街两个立面的夹角是锐角。在对中选方案的评议中，认为它的薄薄的大屋盖具有锋利感，对人不够亲近，而锐角的墙面也有逼人之势，与人友善的感觉更差了。第二种手法，受面积和形体的限制，仅能使东立面的玻璃幕墙退后馆藏精品展厅(图中的圆形建筑)一些，对路口也起不到控制作用(图2、图3)。分析结果，就排除了这两种处理手法，转而认为中选方案在路口的关系上是有过分析的，是可取的。它的平面关系较好，布局均衡，馆藏精品展厅的特殊形象成为路口的视觉中心，虽然过于通透的体型不够完整，但是可以发展完善的。AREP公司董事长杜迪阳先生分析，路口的建筑空间主要是由周围的建筑围合形成的，它们之间的关系才是最主要的。这两条街道不是正交，路口的其他三组建筑都是与复兴门外大街红线平行，而不平行白云路红线，故博物馆的方位也应这样处理，以取得与周围建筑谐调关系。这样，由于它后退两条道路红线较多，从东面从北面两个方向来的视线能看到的博物馆的主立面是两个，而非一个山墙头，它的平缓的、整体性很强的特殊形象已成为路口的标志性建筑，起到了统领的作用，实际上它已经解决了与路口的关系。这种分析得到了大家的认可。

馆藏精品展厅在摆脱对器物的模仿方面，采取了改变型体的做法。比较过的型体有圆柱体、杯体、椭圆柱体。圆柱体较为常见，缺乏新意；杯体上大下小，各层面积不一，对展陈布置不理想，于是这两种型体被否定了。椭圆柱体各层面积一致，其长轴方向较长，比圆形平面容易布展，于是就采用了椭圆柱体。椭圆体又以10∶3的斜率向北倾斜，并穿破陶砖幕墙，露出曲面的形体，象征文物被发掘出来，青铜饰面象征中国古代文明，此时就完全摆脱了器物化的感觉。斜的筒体给电梯的设置带来了不便，修改方案将其从筒内移出，在筒的东边建了一个交通平台（图11）。在施工阶段的初期又觉得这组电梯，对斜筒还是有遮挡，又将其修改到南北两边，使斜筒完整地显示出来，室内外交流更加通透了（图12）。

图4 修改方案三

在加强整体性方面，是从建筑内部空间和外部形象这两方面来完善的。在内部空间上主要是对基本陈列厅的形体进行了改动。基本陈列厅原为错台式，加上倾斜的筒体，使得大厅空间不够完整，于是将基本陈列厅改为矩形的体块，大厅空间也比较完整了。在外部形象上主要是对东立面和北立面的改动，东立面和北立面原来都是玻璃幕墙，透过玻璃幕墙看到里面的建筑显得分散，于是对东、北两个立面采用实墙围合的办法，减弱通透性。随着实墙的围合一步步地扩大，它的整体感也越来越得到加强；东南北三面一度都是实墙，又觉得它过于封闭、沉重，遂将东面恢复玻璃幕墙，使馆藏精品展厅透出来；北面的陶砖幕墙改为悬挂式、其上下都为透明的玻璃，这样处理的陶砖幕墙既稳重又轻巧。图4～图10反映了我们对玻璃幕墙的位置、形状、宽窄、实墙的虚与实以及檐口的厚薄进行的比较研究，最后，得到了满意的效果。

图5 修改方案四

经过这番修改解决了首博新馆建筑造型上存在的问题，由不同的形体和不同的材质

图6 修改方案五

图7 修改方案六

图8 修改方案七

图9 修改方案八

共同塑造的一个外形生动、内部空间灵活、既有历史感又有时代气息和文化内涵的博物馆就这样诞生了。

这个设计方案之所以在众多方案中脱颖而出，在于它在平面布局、宽大展厅、开放式的公共空间和建筑形象等方面都有新意：

(一)建筑平面上有创新——展厅按性质独立设置

用地比较小的博物馆一般设计成一栋建筑，按竖向分层方式划分各类展厅，这样布局的博物馆有着统一的结构和设施，但对有特殊设施和空间的展厅难以满足需要。中选方案按展品的内容(性质)和更换的频率设计成独立的展厅，它根据藏品质地不同，对展陈条件及安防都可采取特殊设计和措施，更能有效地保护文物，有利安全和管理，对建筑的经济性和建筑空间的塑造也是有好处的。本工程的馆藏精品展厅陈列品多为分散小件，对结构形式、跨度、层高、货梯等方面都不同于基本陈列展厅，建筑设计可以更为灵活，它降低了层高，比基本展厅(5层)多出一层，采用椭圆形平面，创造不同空间，丰富了建筑形象。

(二)大空间展厅的使用

矩形展厅的柱距为16m和18.7m。层高6.2m和10m，净高4.5m和8m，这么大的空间非常适合基本陈列和临时陈列的布置，在国内博物馆中还是没有的。它为陈列设计提供了较宽的展线和连续空间，为多样化的展陈手段创造了条件。

(三)具有开放式的公共空间

首都博物馆首层大厅是一个2000m^2、高34m的大空间，阳光可从南面办公楼断开的墙体所形成的巨大窗洞(16m×24m)照射到大厅和地下一层的庭院里。地下一层有文博商店、茶座、报告厅等设施给观众提供了安静、舒适的活动场所，闭馆后也可以独立对外开放。这种阳光大厅和室内庭院的设计手法在国内现有的博物馆中也是独有的。它既改善了博物馆的封闭幽暗的环境，也为承担大型文化活动创造良好条件。这表明博物馆设计理念的转变，博物馆不仅以"文物为本"收藏好文物，而且还要"以人为本"，改善参观环境，让观众参与，使博物馆从高高的圣殿走下，回归到社会中来，成为城市生活的一部分。

(四)建筑形象上有新意

设计师认为博物馆是联系历史、现代和未来的场所并以此作为设计理念来构思方案，他们采用中国古代建筑常用的木材灰砖，并模仿铜釜的形状以表达博物馆具有中国的、历史的含义，用玻璃幕墙和巨大钢屋盖以表示现代，从而体现博物馆是历史和现代的交融。设计理念有新意，也符合博物馆的性质，其处理方式既有反映现代建筑的做法，又符合中国传统建筑的技法，使建筑造型有新鲜感。如灰砖墙不是置于地上而是悬挑在中间，模糊了古代城墙和现代幕墙的界线；椭圆形的青铜展厅斜出墙面，象征古代宝物破土而出，使立面有了形象上的变化；巨大的屋盖影射中国传统建筑的深远外檐；广场起坡烘托宏伟的巨构，也源于高台建筑的手法。总之新馆的建筑形象、形状、用料、做法都有中国传统建筑的痕迹和联想，而又脱离了对具象的模仿，让人们从文化精神上感受到它的中国传统文化品位。在探索中国建筑现代化的道路上，中国传统建筑精神和现代建筑技法在首博新馆建筑上得到较好的体现，将会成为有中国特色的现代建筑。

图 10 实施方案

图 11 电梯筒未移位前的东立面

图 12 电梯筒移位后的东立面

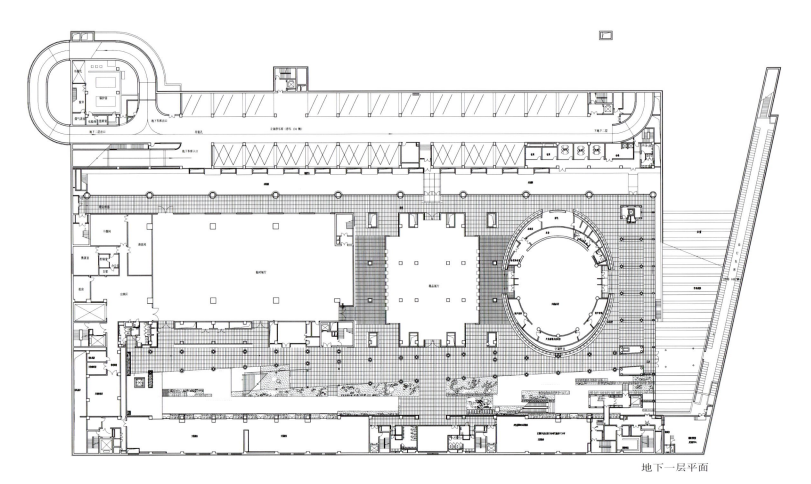

地下一层平面

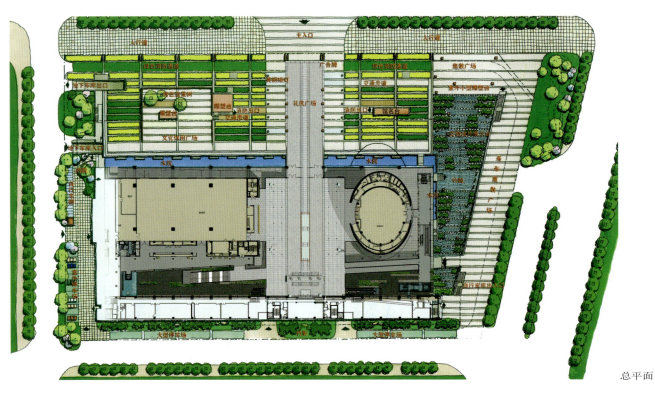

总平面

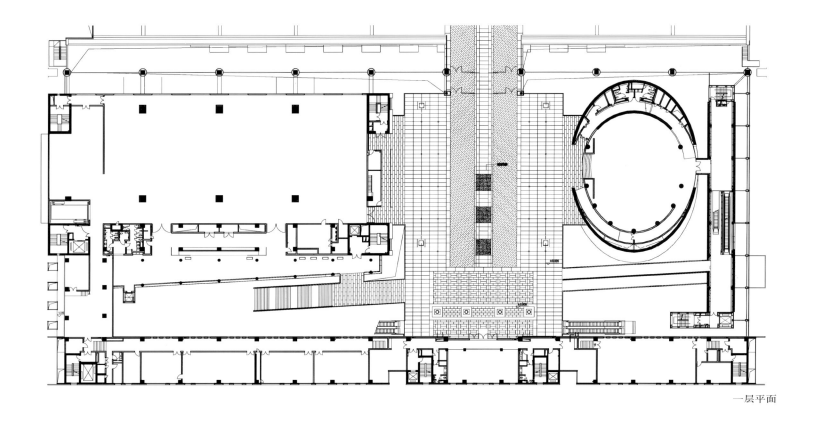

一层平面

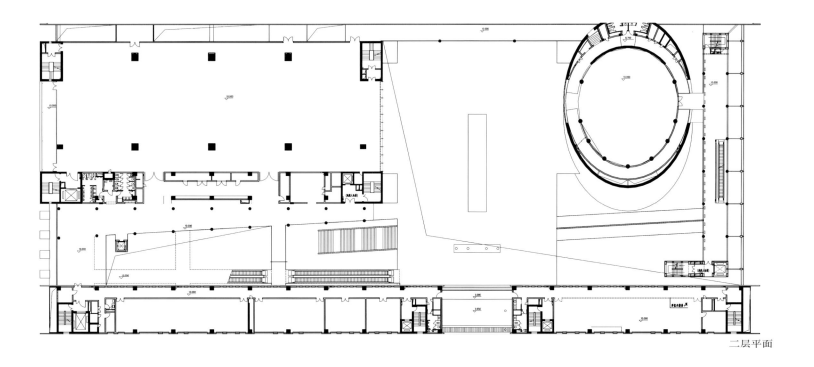

二层平面

北立面

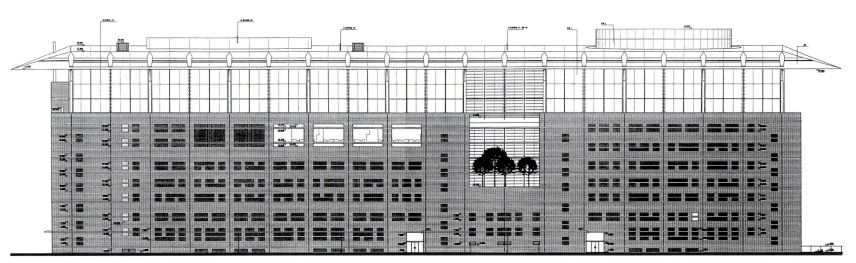

南立面

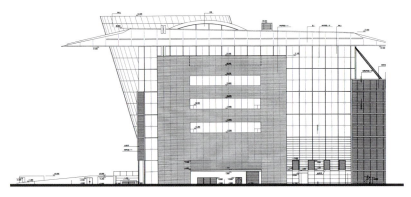

西立面

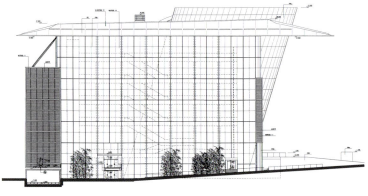

东立面

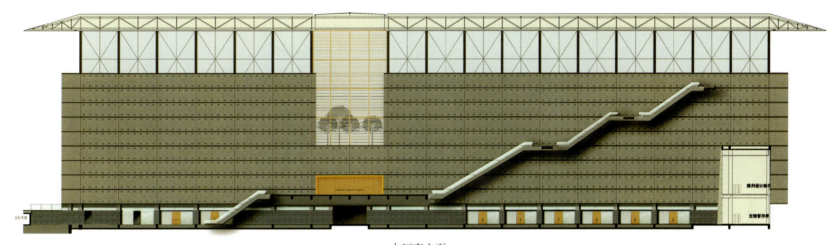

大厅南立面

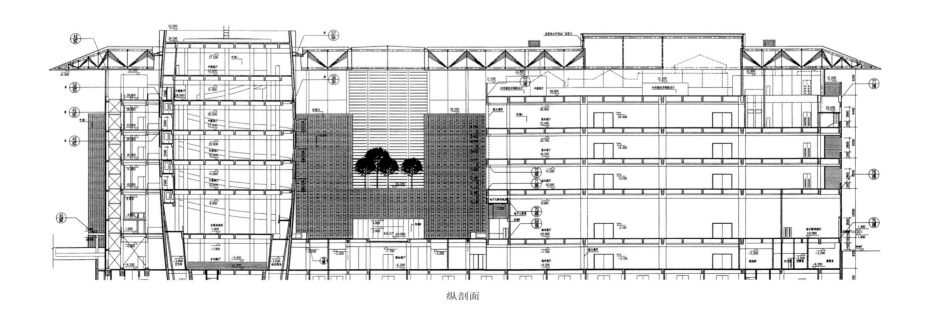

纵剖面

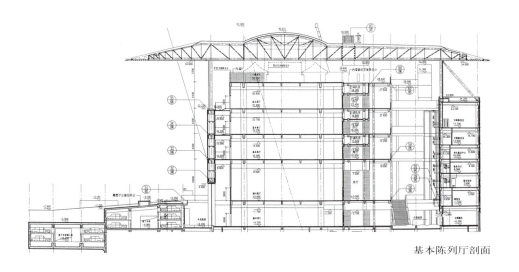

基本陈列厅剖面

馆藏精品展厅东平台剖面

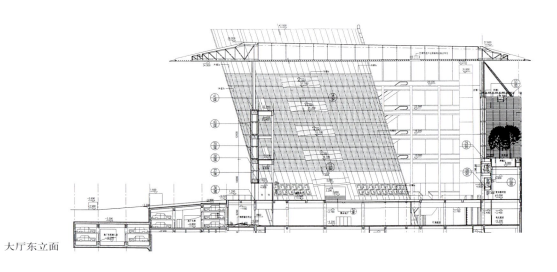

大厅东立面

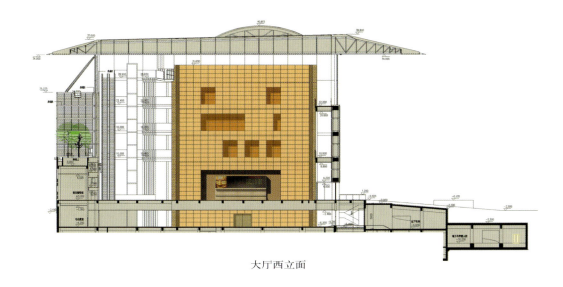

大厅西立面

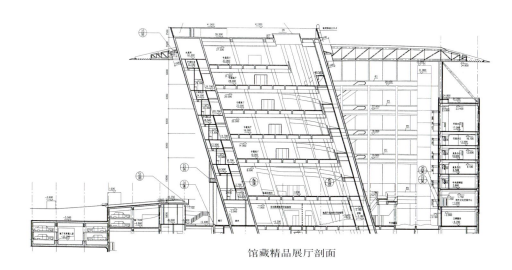

馆藏精品展厅剖面

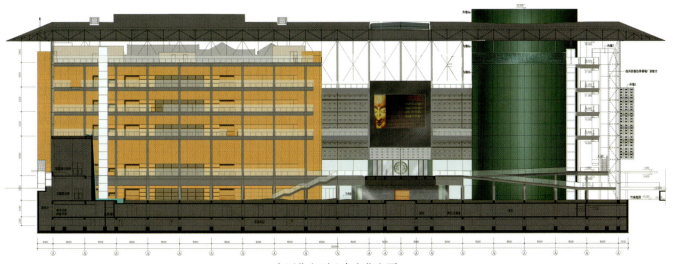

大厅北立面及内庭北立面

东北向透视

东向透视

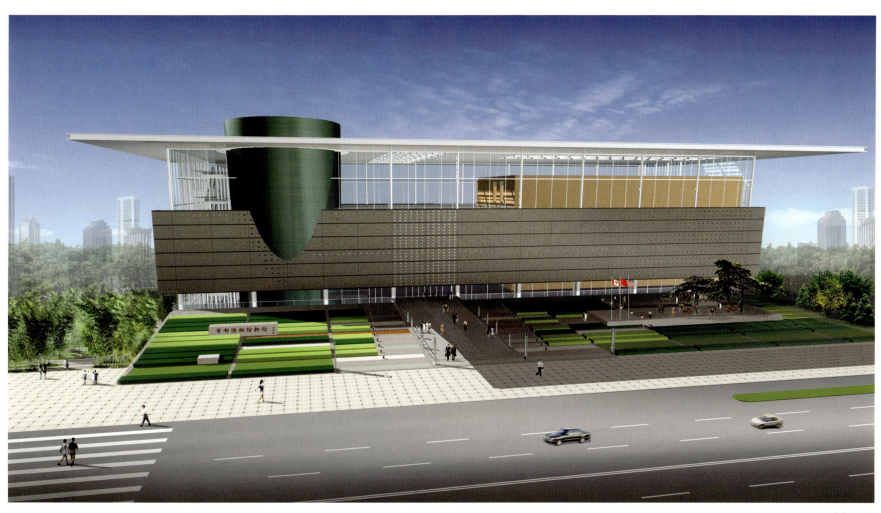

北广场透视

由东入口向大厅透视

由北入口向大厅透视

在大厅内向东北向透视

第一次征集方案目录

顺序号	方案编号	设 计 单 位	
1	A	上海现代建筑设计(集团)有限公司	41
2	B	中国建筑设计研究院	46
3	C	同济大学建筑设计研究院	51
4	D	法国 DENIS LAMING 建筑师事务所	55
5	E	美国 RTKL 国际有限公司	59
6	F	加拿大宝佳国际建筑师有限公司	63
7	G	德国 ABB 建筑师事务所	67
8	H	清华大学建筑设计研究院	70
9	J	北京市建筑设计研究院	74
10	K	美国 SOM 国际有限公司	82

第一次征集方案的经济技术指标一览表

编号	项目名称	计量单位	A 上海现代建筑设计（集团）有限公司	B 中国建筑设计研究院	C 同济大学建筑设计研究院	E 美国RTKL国际有限公司	F 加拿大宝佳国际建筑师有限公司	H 清华大学建筑设计研究院	J 北京市建筑设计研究院	K 美国SOM国际有限公司
一	建设用地	m²				24000				
	建筑基底面积	m²	3857	9230	9840	8827	10544	11300	9566	9600
	广场用地	m²	2500	1440	4150	5050	1523	4500	5051	8000
	绿化用地	m²	8645	8680	7276	8289	8304	8300	8536	8400
	道路及停车用地	m²	8998	4650	6884	2000	3632	1600	1630	2000
二	总建筑面积	m²	58049	63340	60920	62050	62188	63100	60100	60000
	地上建筑面积	m²	44169	32300	32120	36050	37315	42900	39102	37000
	地下建筑面积	m²	13850	31040	28800	26000	24873	20200	20998	23000
三	建筑密度	%	16	38.46	41	36.5	44	47.08	39.30	40
四	容积率		2.42	1.35	2.53	1.24	2.02	1.80	1.61	1.58
五	绿地率	%	36	36.16	30.3	30.2	34.6	34.6	35.07	35
六	建筑高度	m	48	54.5	34	32	41(58.2)	32	37	60
七	层数	层	8	11	5~7	4	6(局部7)	5层	5	6
八	机动车停车数	辆	164	215	252	212	300	253	250	290
	地上停车数	辆	70	80	61	22	69	67	43	36
	地下停车数	辆	94	135	191	190	231	186	207	254
九	自行车停车数	辆	800	912	835	800	670	300	500	855
	地上停车数	辆	800	112	0	300	670	300	0	55
	地下停车数	辆	0	800	835	500	0	0	500	800

注：D项为法国DENIS LAMING建筑师事务所，G项为德国ABB建筑师事务所，它们的方案没有经济技术指标故未列表。

A 上海现代建筑设计（集团）有限公司

为建立城市与建筑更为友善和互动的关系，将建筑的一层做了局部架空，形成一个过渡性空间，并赋予这个空间积极意义。观众于此休闲、游走的同时，可充分体验参与、自由选择的心理快感。另外架空广场的设计构思，也使得临展与基本陈列区之间有了一个互不干扰、相互独立的良好关系。

采用竖向分层方式划分出不同的功能区域，并用多组垂直交通枢纽将它们串联起来，这种立体交通分流的手法最为简捷有效，同时也使不同的功能区域相对独立完整。

以"两线一中心"组成空间架构，"两线"是平行和垂直复外大街的两条轴线，其交叉点为"中心"——即公共、交通、聚散的中央大厅，两线一中心层层叠加，形成基本的空间构架。所有不同功能区域有机地附着于它，这种立体空间的构思，使得建筑始终都处于一个井然有序的状态之中。

建筑的外部艺术形象和内部空间能给人带来视觉上的震撼，能表达出丰富的文化内涵和象征意义。立面上采用虚实对比手法，形体上采用曲直的变化手法。这是吸取中国传统哲学理念如刚柔并济、阴阳耦合等抽象要素以及中国传统建筑中城墙、宫殿、浮云、流水等具象特征要素而形成的。当然，这种设计构思也是现代的，因为几何形体的组合，串接都充分体现了现代建筑设计以功能为本，空间自由至上的原则。

北侧透视

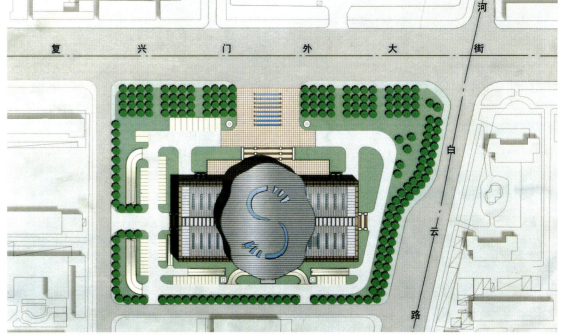

总平面

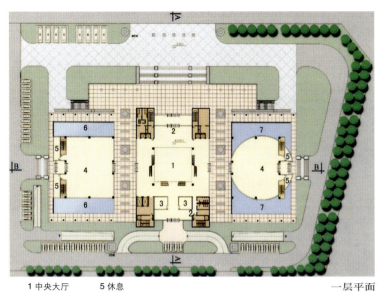

1 中央大厅　5 休息
2 前厅　　　6 花坛
3 贵宾室　　7 水池
4 临时展厅

一层平面

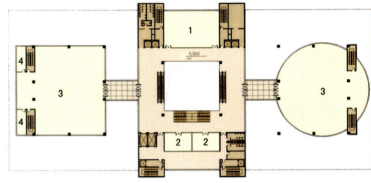

1 多媒体视听室　3 临时展厅
2 接待　　　　　4 休息

二层平面

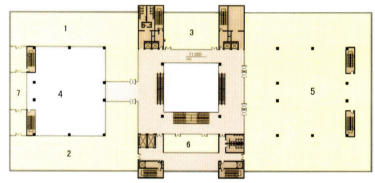

1 专题馆一　3 专题馆三　4 临时展厅上空　6 电化教育
2 专题馆二　　戏曲艺术馆　5 基本陈列区　　7 休息

三层平面

1 卸货区　　6 干燥　　　11 陈列设计　16 商店
2 进厅　　　7 清洗　　　12 储藏　　　17 文博服务
3 登记　　　8 熏蒸　　　13 职工食堂　18 武警营房
4 出纳　　　9 文物鉴定　14 厨房
5 暂存库　　10 音像制作　15 餐厅

半地下层平面

1 专题馆四　3 专题馆六　　5 基本陈列区　7 休息
2 专题馆五　4 戏曲艺术馆上空　6 观众参与　8

四层平面

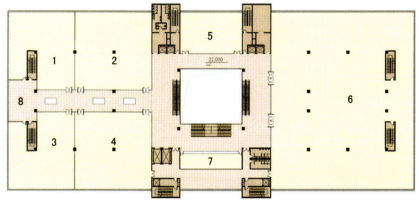

五层平面

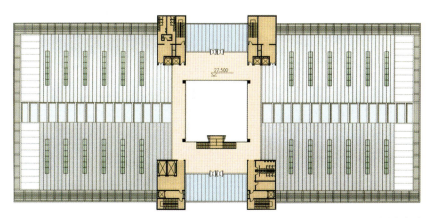

六层平面

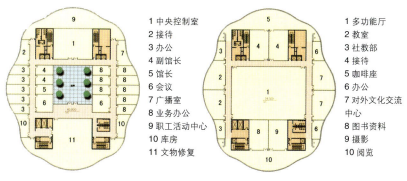

七层平面	八层平面
1 中央控制室 2 接待 3 办公 4 副馆长 5 馆长 6 会议 7 广播室 8 业务办公 9 职工活动中心 10 库房 11 文物修复	1 多功能厅 2 教室 3 社教部 4 接待 5 咖啡座 6 办公 7 对外文化交流中心 8 图书资料 9 摄影 10 阅览

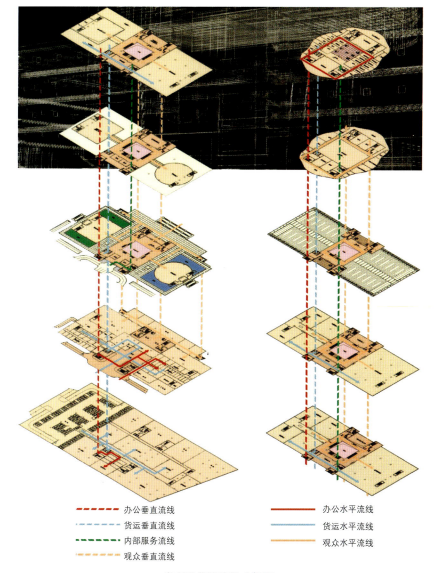

- - - 办公垂直流线 ——— 办公水平流线
- - - 货运垂直流线 ——— 货运水平流线
- - - 内部服务流线
- - - 观众垂直流线 ——— 观众水平流线

参观及货运流线分析图

室内大厅透视

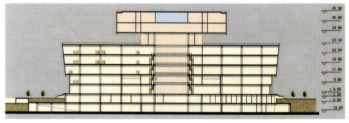

(A-A)剖面

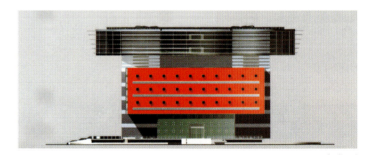

(B-B)剖面

东立面

北立面

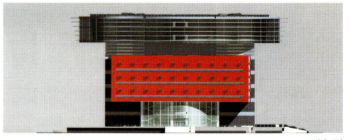

西立面

北侧透视

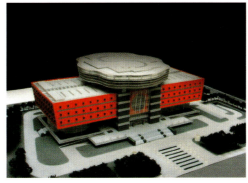

B 中国建筑设计研究院

地段环境凌乱、嘈杂，设计重点旨在创造一种现代的、内向型的博物馆空间，一层层厚重的围合阻挡了城市的喧闹和浮华。

本方案由一组单元体建筑组成，立面分为五段，使得建筑在高度上、体量上都不甚张扬，简洁朴素的立面，单元式的组合，使建筑浑然一体，更加具有沉稳庄重的文化气质。

大厅中每层形状不同的楼板的四边与玻璃围合结构脱离开，由自由分布的钢柱支撑，仿佛是飘浮在玻璃大厅中的几片云彩。大厅的顶部和墙上设有百叶，光线穿过层层叶片柔和地投射在这几片浮云上，流露出一种神秘的东方气息。

博物馆的核心位置是一处四合院形式的庭院，将人们的思绪带回到悠久的历史中，使这片庭院成为一个别有韵味的室外展场。庭院的四边是四面实墙和在实墙间盘旋的平台与楼梯，观众可通过它们自由地到达各展室或进入庭院休息。这种脱胎于四合院回廊和绝壁栈桥的立体游廊与幽静的内院结合在一起，营造出中国传统的内向自省的氛围。

立面造型简洁朴素，单元体以实墙为主，并于其上以矩阵形式设置无数采光凹槽，夜晚发出点点灯光。还在外墙某些部位设置一些玻璃龛，内置展品，供人驻足观赏。此时，博物馆已成为城市景观和社会生活的一部分。

北侧透视

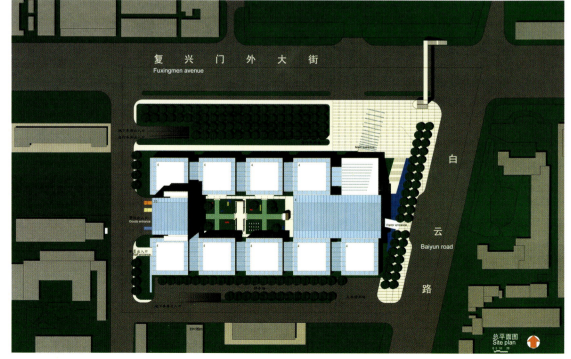

总平面

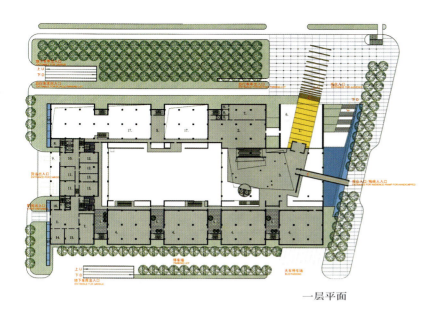
一层平面

二层平面

三层平面

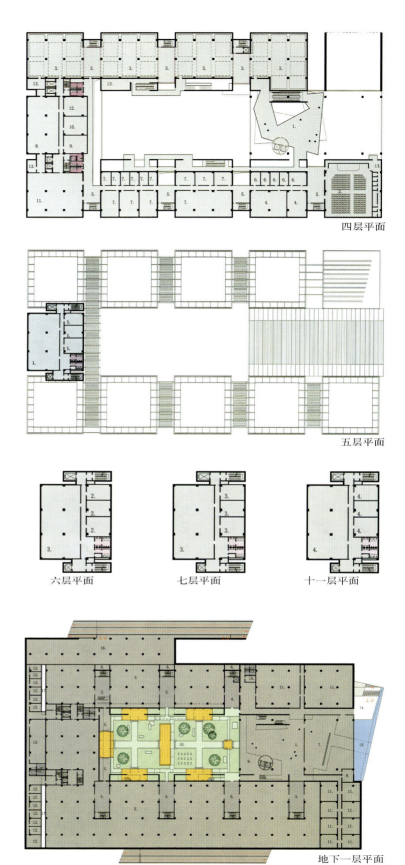
四层平面

五层平面

六层平面　　七层平面　　十一层平面

地下一层平面

由大厅向北透视

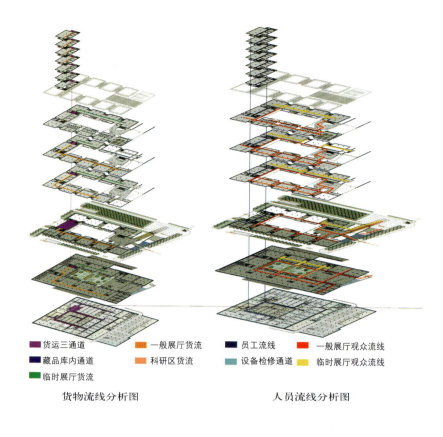

■ 货运三通道　■ 一般展厅货流　■ 员工流线　■ 一般展厅观众流线
■ 藏品库内通道　■ 科研区货流　■ 设备检修通道　■ 临时展厅观众流线
■ 临时展厅货流

货物流线分析图　　　　　　　　人员流线分析图

剖面 A-A

东立面

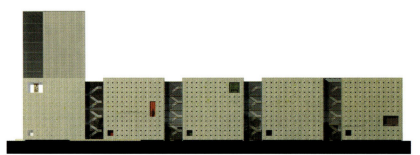
南立面

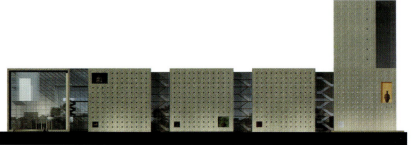
北立面

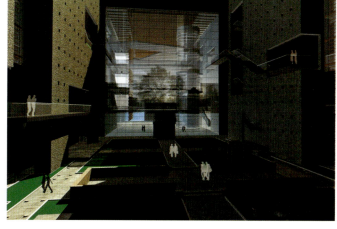
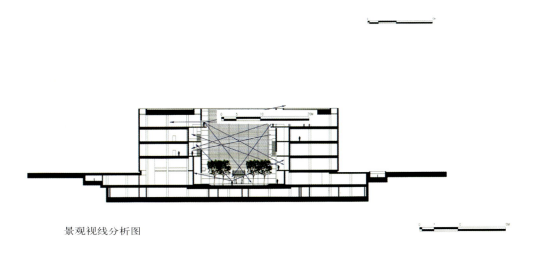

景观视线分析图

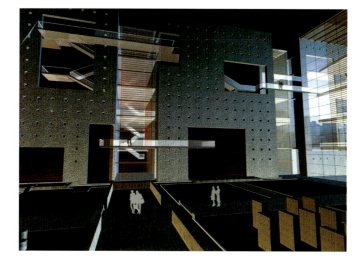

北入口透视

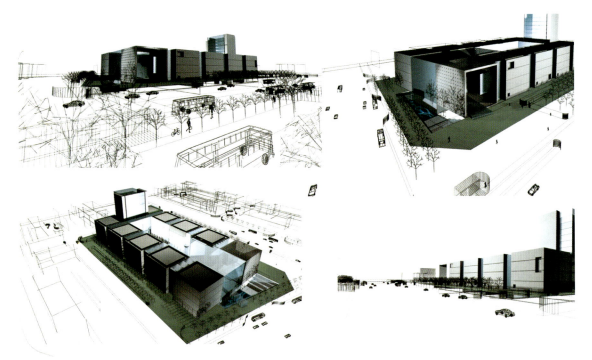

建筑体块关系图

鸟瞰图

C 同济大学建筑设计研究院

博物馆设计注重取得与长安街尺度相应的简洁，整体的庄重体量和形象。

在建筑东部设置一个高台式露天"文化广场"。它有以下作用：

1．可避免从北面阴影面进入博物馆的缺点。
2．丰富进入博物馆的空间序列。文化广场的空间一直延伸到主展馆内使内外空间融为一体。
3．成为城市的一个露天"舞台"，对观众开放，有利于文化广场上的人群与大街的视线交流。

建筑外形简约并运用现代材料、技术和造型语汇，通过主体建筑外墙和柱阵的设计，表达对文化、历史和地域的尊重。唤起观赏者对北京的地方特征和历史的联想。如以灰色面砖和不锈钢框构成的外墙挂板联想到北京的城墙和建筑色彩；方形柱阵联想中国历史传统木构建筑的遗迹等等。表达这个建筑所应有的大度及永恒的风范。

强调建筑内容和形式的时代性，体现在功能上突出对参观人流和文物流线组织的科学性和艺术性，注重相应的空间和序列的多样变化以及文物流线的便捷和安全。

鸟瞰图

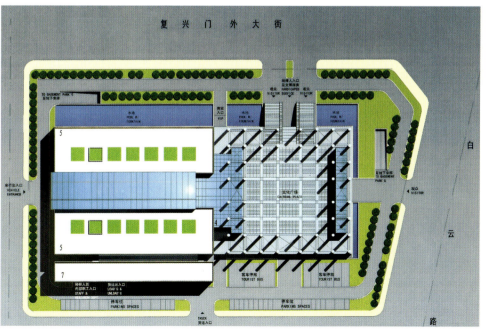

总平面

一层平面

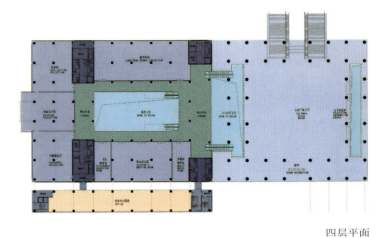

四层平面

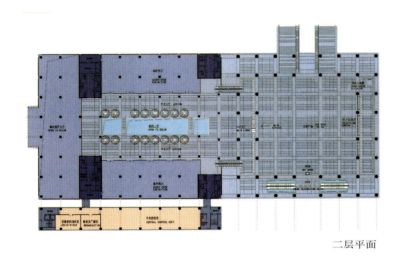

二层平面

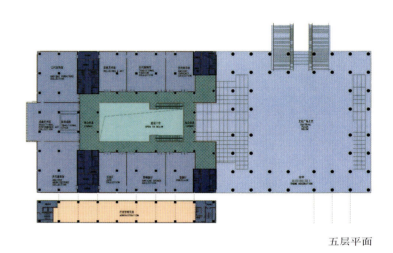

五层平面

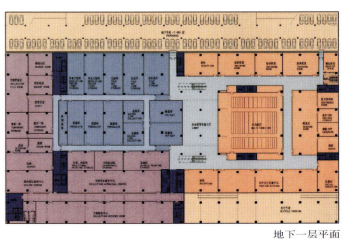

三层平面

地下一层平面

北侧透视

东立面

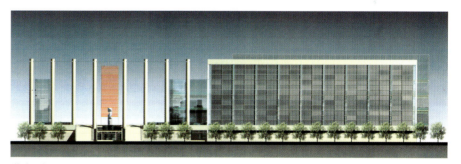

北立面

西立面

南立面

大厅透视

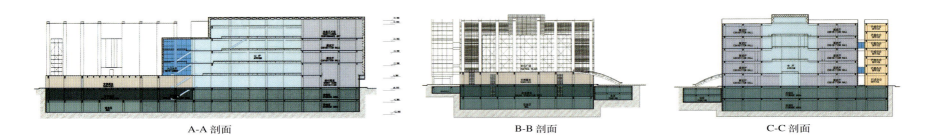

A-A 剖面　　　　　　　　　　　　B-B 剖面　　　　　　　　　　　　C-C 剖面

法国 DENIS LAMING 建筑师事务所

沿复外大街采用五条大台阶组成的下沉广场（花园）使得馆前广场低于大街水平面，躲避了噪声干扰。博物馆和下沉广场共同组成一个巨大的露天剧场，博物馆在舞台上，参观者在游花园的同时，成为自己历史的观众。

每个花园由多条游线组成，将博物馆与城市衔接在一起。正是漫步在这些花园里，人们逐渐由现代被引导到了时间之旅的纵轴上，同样手法，沿线栽种树木与建筑立面的波形相呼应，使人联想到了时间通道。

水幕及水面将建筑与花园分割开，带来了清新、宁静和活跃，这种效果在夜景照明下更加明显。同时这条水带加强了整个博物馆的统一和完整。至此，人们认识到了四种组成要素——水、园林之土、时光波动之气、夜晚照明之火。博物馆位居中央，它们再造了一个包罗万象的世界。

高空花园

博物馆不仅仅局限在简单的历史回顾上，它同时又是开放未来之门，就在博物馆的最顶层设置了一个特殊的展览空间。在半透明的屋顶下，人们在一条花园长廊里漫游，先是对人类过去清澈透明的认识，再是对人类未来的朦胧模糊遐想。当最古老的展品被陈列在博物馆深层之际，人们就设想到了那高设的花园，是全面走向未来的会场和展示场。

建筑方案

博物馆是个巨大的玻璃棱柱体，外形独特，希望能表达出建筑具有的雄伟性和透明度。三角形的山墙使建筑轮廓简捷明快，具有雄伟性。北立面玻璃幕墙产生透明度的效果。博物馆变为一个巨大玻璃展示窗，人们在大街上或阶梯花园处就能看到它的内部的展示和来来往往的参观者，博物馆变成了永动的舞台。

北侧透视

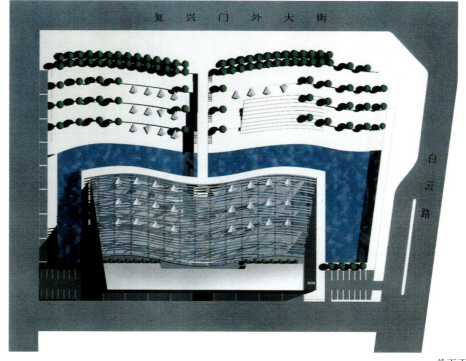

总平面

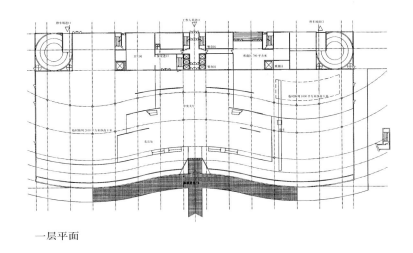

一层平面

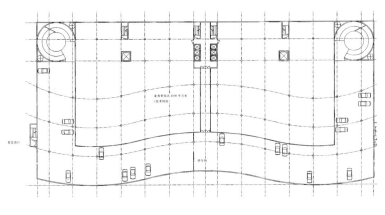

地下三层平面

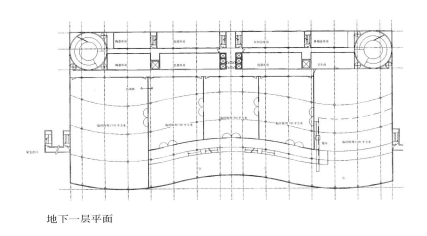

地下一层平面

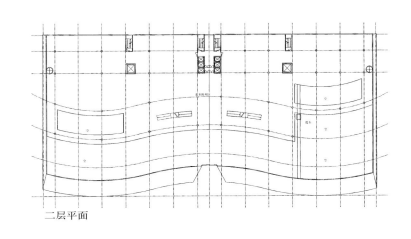

二层平面

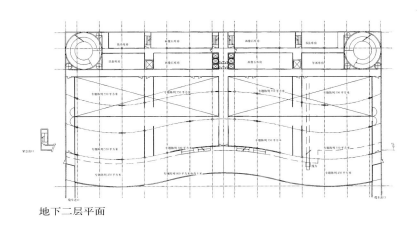

地下二层平面

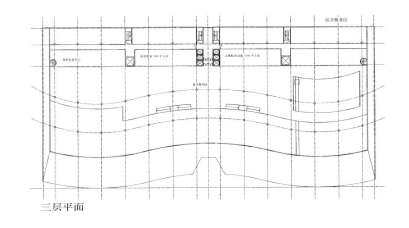

三层平面

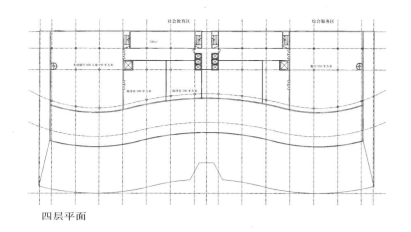

四层平面

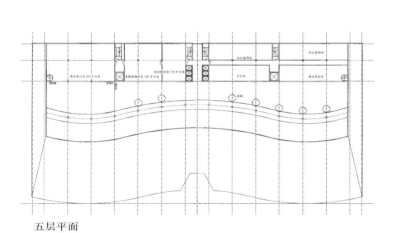

五层平面

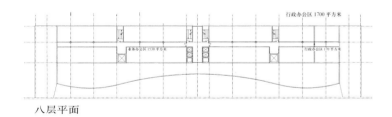

八层平面

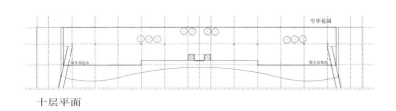

十层平面

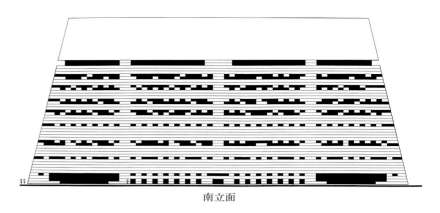

南立面

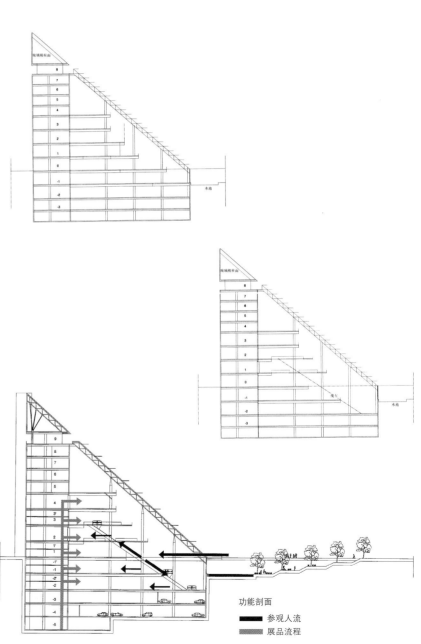

功能剖面

■ 参观人流
■ 展品流程

大厅透视

水景效果

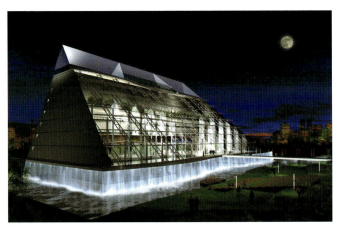

夜景效果

E
美国 RTKL 国际有限公司

设计理念
现代博物馆的空间主导性和开放性不断增加，博物馆成为更具有时代特点的环境艺术。博物馆应该既是历史的，又是现代的；既传承传统文化的特征，又表现现代设计理念；既端庄稳重，又体现运动和变化；既是建筑的，又是环境的。

方案的设想
一个有双重性象征意味的形式组合：

一个思维实体——代表历史和传统：整体、宏观、涵盖、包容、混沌、恒定、稳重、封闭、内向。

一系列片段——体现组成特征：变化、运动、通透、光明、轻盈、分解、开放、外向。

单一的完整体量与多重片断相汇相交，穿插解析的结果使两者同时发生变化，光明与运动切入实体而赋予其现实的生命活力。运动变化的透明片段，也从中带出历史感。

基本方案构成
青铜圆柱主体＋透明玻璃墙组＝建筑艺术＋环境艺术，这种组合体成为一件大型的城市艺术陈列品。

凝重的主体隐现于光影变换的玻璃墙之间，象征历史的流动、变迁与文明的真实积累。

层层的玻璃墙创造出有层次和纵深感的外部空间，插入建筑的玻璃夹墙形成一个个光井，将天光云影引入封闭的室内空间，促成室内空间的沟通、对话。交通、休息等内部的功能可以移入此地，使内向空间具有通透开放的感觉。

沿街连续长墙，不仅强化建筑意象，也是保护建筑主入口及外部广场免受西北风侵袭的屏障，广场尽端借数片玻璃短墙构成碑林意象，建立与首博旧址的某种形式联想。

总体布局在于创造一个形象突出、功能合理的主体建筑的同时，创造与周围嘈杂、缺少文化气息的环境相对隔离的，内向型而又充分开放通透的外部空间。

建筑空间
中国建筑最基本的特点是线性空间序列、建筑意境通过轴线控制空间的起承转合得以表达。本方案的建筑空间由一系列性格、规模、尺度不同的空间构成一个连续的序列，而非独立的个体。

鸟瞰图

创作构思

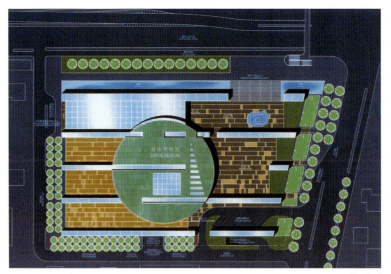
总平面

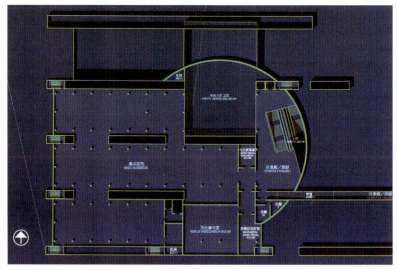
二层平面

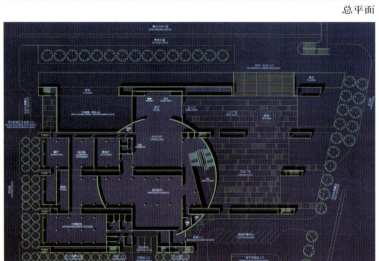
一层平面

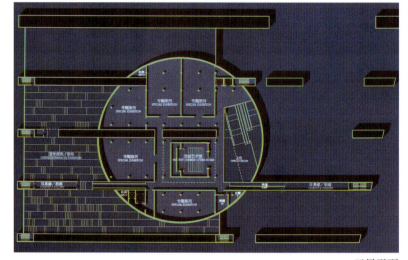
三层平面

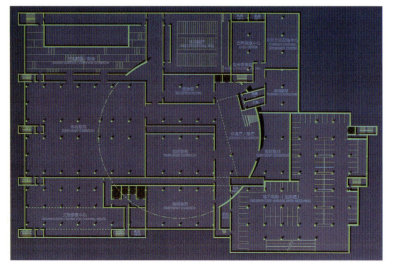
地下一层平面

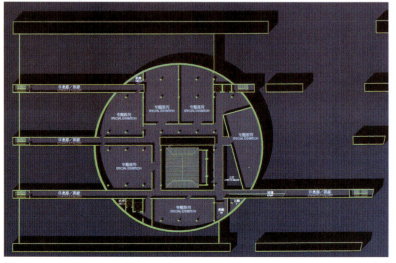
四层平面

大厅透视

夜景透视

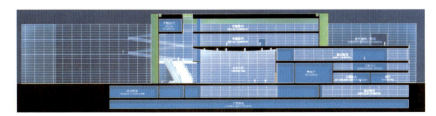
剖面 A

剖面 B

北侧透视

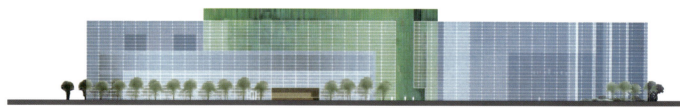

南立面

北立面

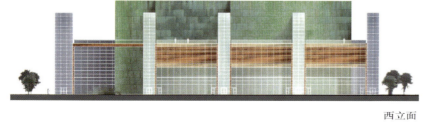

西立面　　　　　东立面

F 加拿大宝佳国际建筑师有限公司

为与城市关系取得完美协调，采取缩减东部建筑体量，后退红线较大距离和留出广场来减少交通噪声的影响，并作为缓冲空间。

本方案以"长城"墙体为基本元素，东侧弧形部分逐层向上渐退，西部矩形层叠建筑富有雕塑美感，以变奏曲的音乐形式和细致的表现手法，使"长城"丰富生动。

建筑下部选用灰色粗面石材，上部采用微反玻璃砖与不锈钢线相配合，造成由厚重过渡到轻盈，表达出传统到现代，继承与发展，充满变化的含义，寓意世间万物发展永无止境，也寓意北京明天更美好。

鸟瞰图

总平面

北侧透视

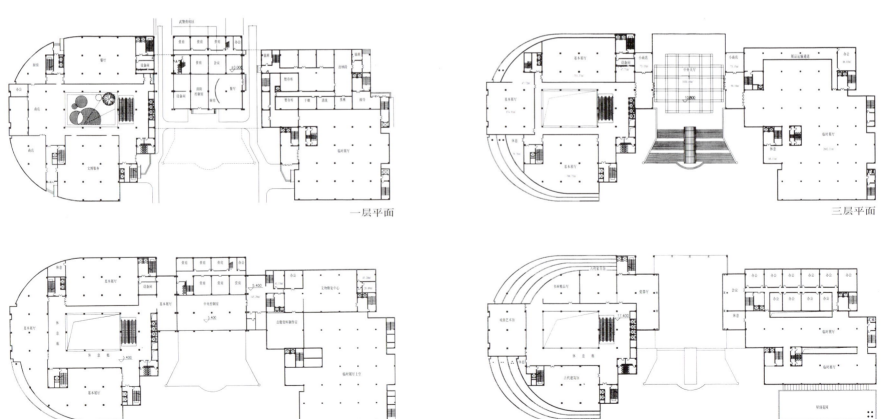

一层平面

三层平面

二层平面

四层平面

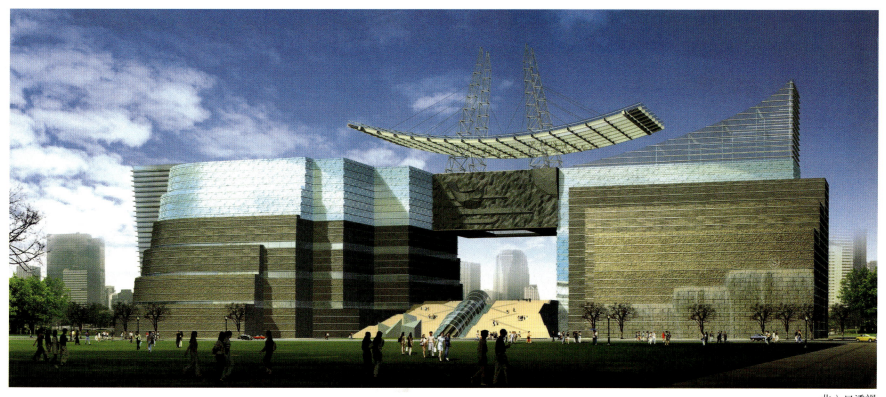

北入口透视

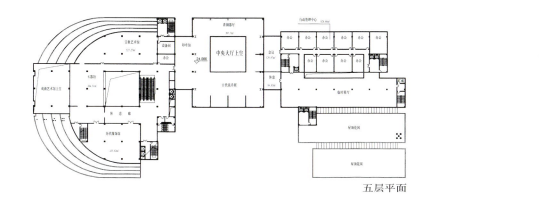

五层平面

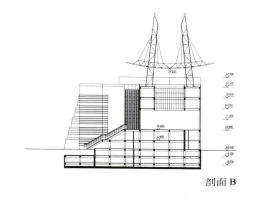

剖面 B

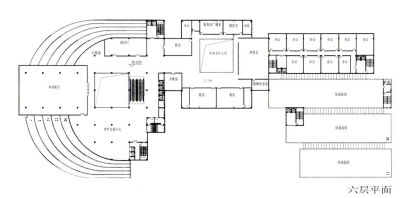

六层平面

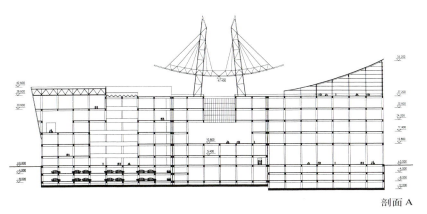

剖面 A

65

休息厅透视

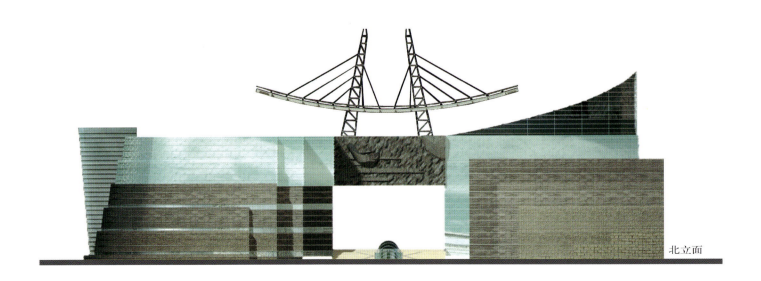

北立面

G 德国 ABB 建筑师事务所

博物馆后退复外大街红线形成新的城市空间、宽阔的广场反映出建筑的重要意义。广场从大街向主入口由低到高稍有坡度，可被多方面使用。

穿过透明入口和集散大厅，可看见6层楼高的博物馆本身，它分为上下两部分：下部的3层建筑体形紧凑，对外不设窗，并在底层布置展览陈列区；上部3层有露天绿化平台并设窗，布置有其他的功能区如社会教育区、业务、科研、行政办公及综合服务区。

建筑在设计和布局时设置了南面和北面的两条结构区，所有的功能空间都与这两个结构区相连。在结构区内安排所有必要的辅助用房、紧急出口、楼梯间以及供给设备等。这样使建筑上3层以及第二层、第三层空间无需柱子的重要结构承载部件也位于这个区域。

朝向广场的玻璃幕墙，宏伟又具有通透感，使博物馆的内部活动能展现出来，同时也可用作媒体幕墙，为博物馆提供了丰富多彩的方式表现自己。

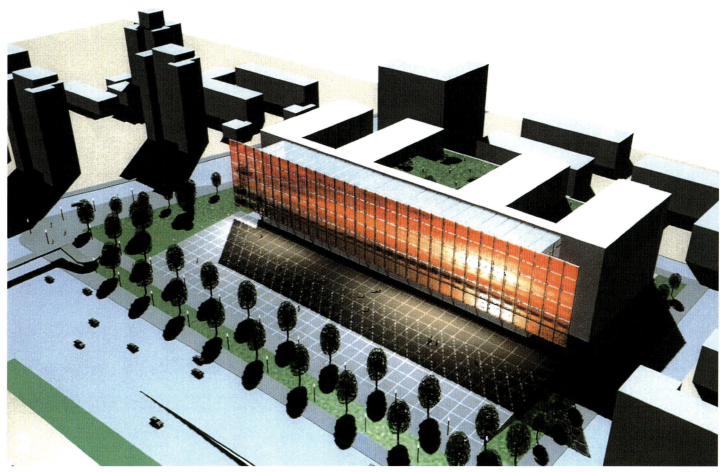

鸟瞰图

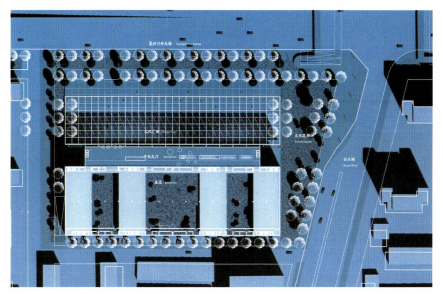

总平面

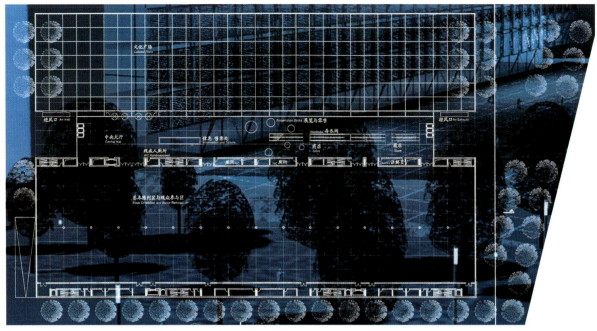

一层平面

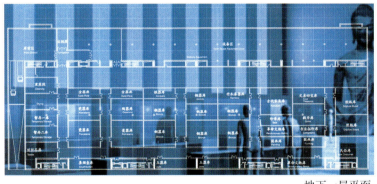

地下一层平面

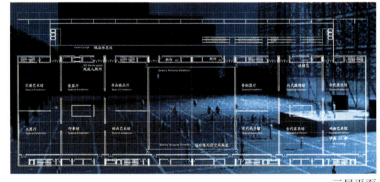

三层平面

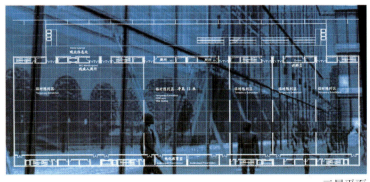

二层平面

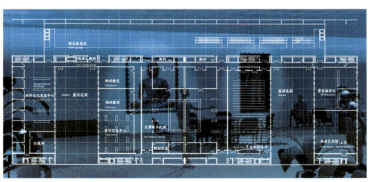

四层平面

北立面

东立面

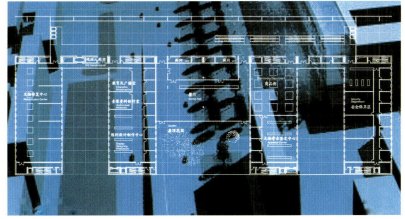

五层平面

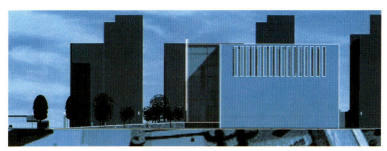

西立面

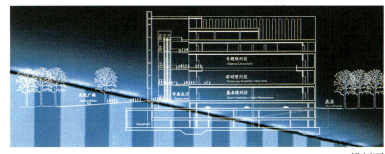

横剖面

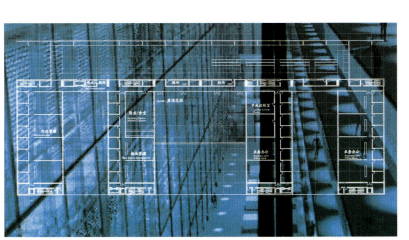

六层平面

纵剖面

H 清华大学建筑设计研究院

规划考虑及总体布局

用比较方整、平缓、规则的体量，显示出端庄、沉稳、深沉及富有内涵。

建筑尽量靠南、靠西留出沿街及东北角场地作为文化广场及缓冲地带避免博物馆过于逼近道路。

由于北面、东面均为主要入口方向，这样就保证主要街道的气派并丰富和改善沿街景观，加强其完整性与认知度。

建筑造型

体型特征 博物馆端庄敦厚、质朴平和、沉稳坚实而又不失新颖精巧，与首都雄浑、博大、深沉、人文日新的气韵一脉相承。色彩及材料以砖灰、枣红为主色调，辅以花岗石及现代金属材料，传神、独特。

细部装饰：浮雕与门钉是最具有北京皇家与民间特色的现代提炼。

室外广场，一块水池、几阶台阶、三片矮墙、若干丛林树木，建构起文化广场的空间序列，起到"登堂入室"引人入胜的作用。

总而言之，既体现出千年古都的悠久深厚之传统，又表达出现代中国及今日北京面向世界、面向未来的新面貌、新气象。

本方案功能安排紧凑、交通及休息集中布置在展厅之间的休息宽廊内，节省空间，经济适用。

东北侧透视

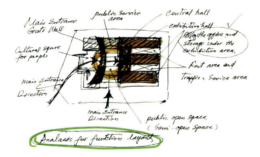

创作草图

总平面

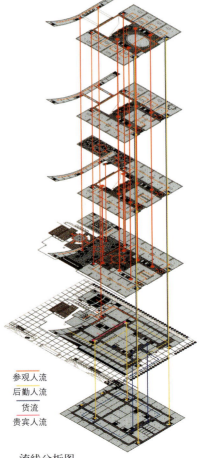

参观人流
后勤人流
货流
贵宾人流

流线分析图

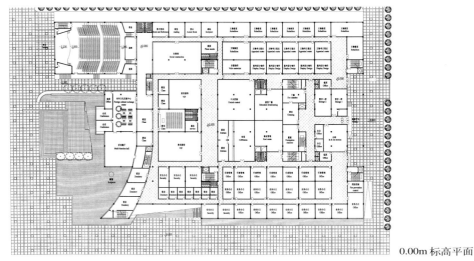

0.00m 标高平面

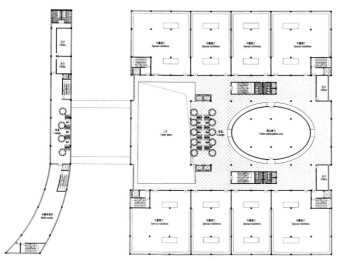

26.0m 标高平面

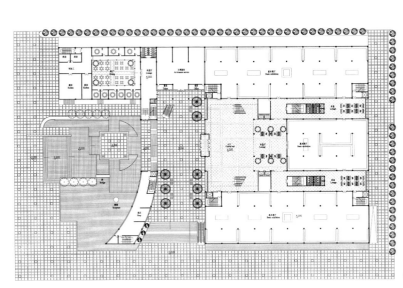

4.50m 标高平面

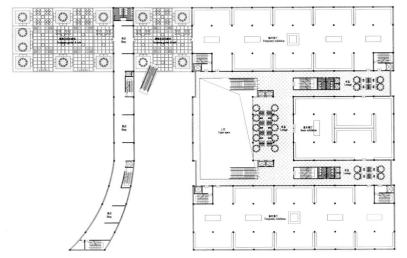

10.50m 标高平面

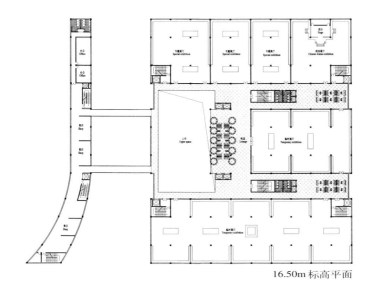

16.50m 标高平面

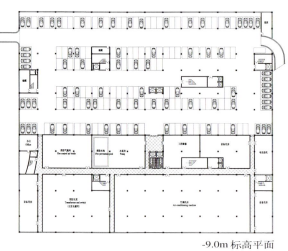

-9.0m 标高平面

大厅透视

-5.0m 标高平面

夜景鸟瞰图

北入口透视

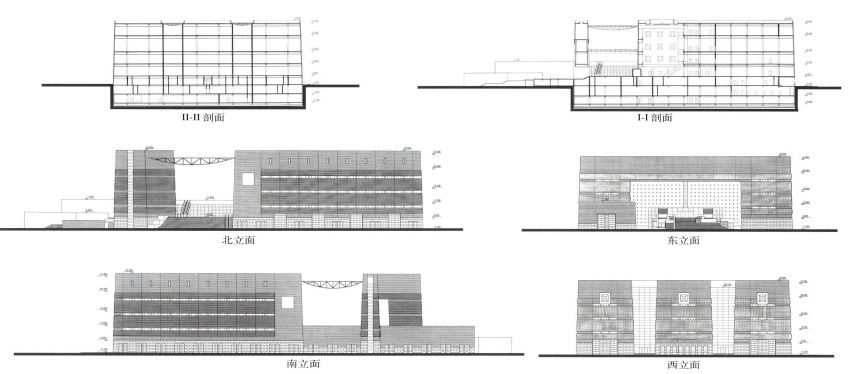

II-II 剖面　　　　　　　　　　　　　　　　　I-I 剖面

北立面　　　　　　　　　　　　　　　　　　东立面

南立面　　　　　　　　　　　　　　　　　　西立面

J
北京市建筑设计研究院

设计原则

体现首都特质——古都文脉和大都市建筑的气势及时代感。

关注城市生活——面向市民的文化广场，丰富城市文化生活。

建设新型博物馆——应用先进技术。

内容和形式统一——精神价值、文化价值、实用价值并重。

城市设计

北京城是人类城市设计的杰作。一个和谐有序的城市构架是城市设计的基础，破碎的城市结构使城市环境恶化，整理城市秩序是人们生理和心理的迫切要求。整理城市秩序的手段有调整城市道路、强化城市轴线、突出城市重要空间作用等方法。在博物馆这个地区是强调博物馆建筑与街景的关系，形成连续的沿街立面，在街道转角处用造型强调广场空间。用新颖的建筑材料和独特的建筑造型活跃了街景的气氛，突出了城市重要空间。

建筑设计

采用水平分区和竖直分区相结合的方式布置各功能区域。

由广场空间、街巷空间、中厅空间、平台空间组成富有层次的空间系列。

鸟瞰图

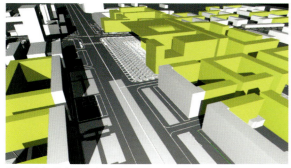
整理城市秩序 - 城市设计

形成连续的沿街立面 - 修补城市空间

在街道转角处用建筑造型强调广场空间

整理城市秩序 - 汇聚历史精华

隐 - 鼎觚之形

借 - 龙图之气

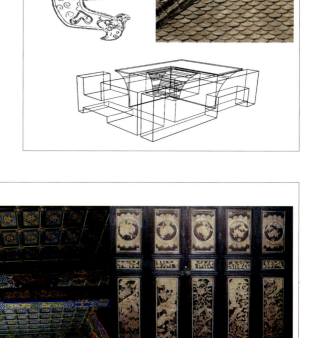

见 - 青铜之色

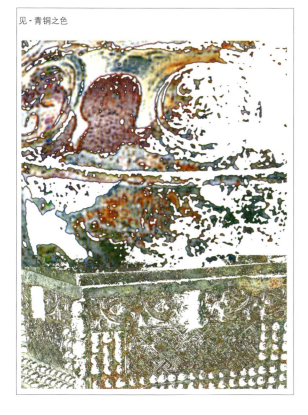

创 - 时代之筑

法 - 古建之道

合理的功能分区
水平分区与竖直分区相结合

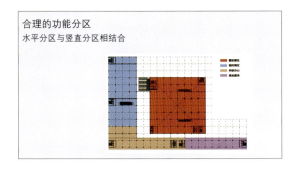

公共空间
广场空间-街巷空间-中厅空间-平台空间-屋面空间组成富有层次的系列

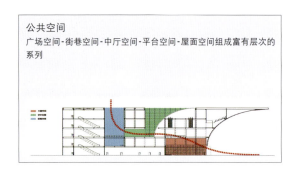

固定展厅
位于陈列区中最醒目便捷的位置,保证了参观的系统性、顺序性和选择性

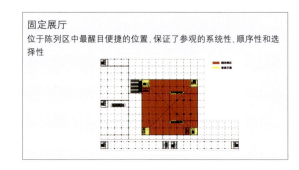

临时展厅
独立成区,大空间自由组合

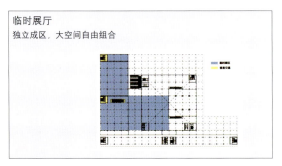

藏品库区
位于固定展厅地下,相对独立,密闭性强

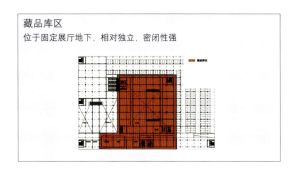

内部办公区
布置在服务区内

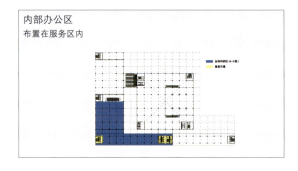

社会教育区
对外联系密切

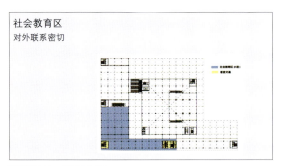

业务科研区
环境安静,采光良好

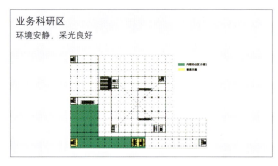

综合服务区
界定广场的边界

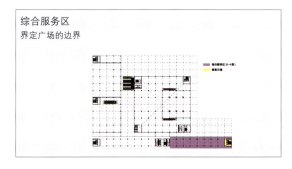

建筑设计 - 功能分区

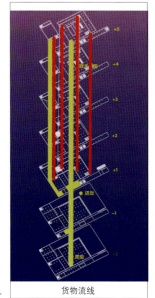
货物流线

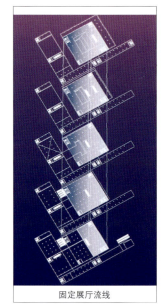
固定展厅流线

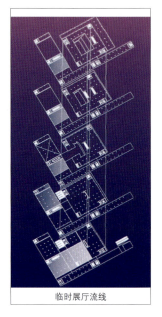
临时展厅流线

建筑设计 - 内部流线设计

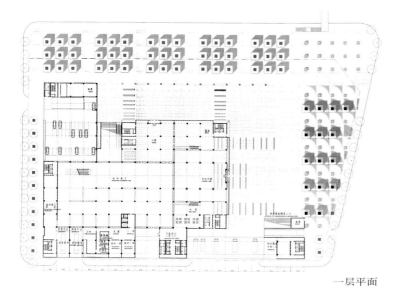

一层平面

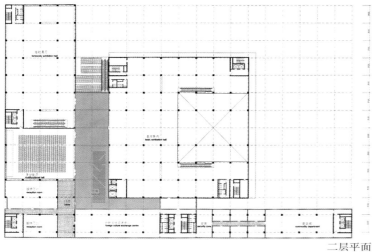

二层平面

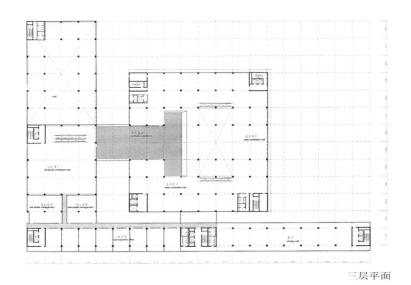

三层平面

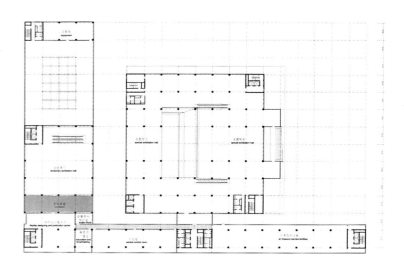

四层平面

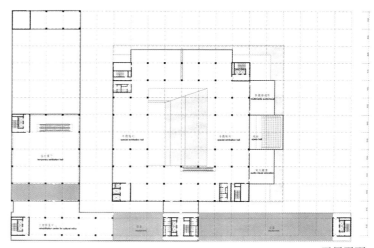

五层平面

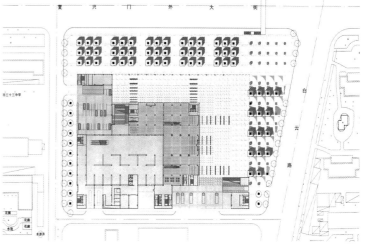

总平面

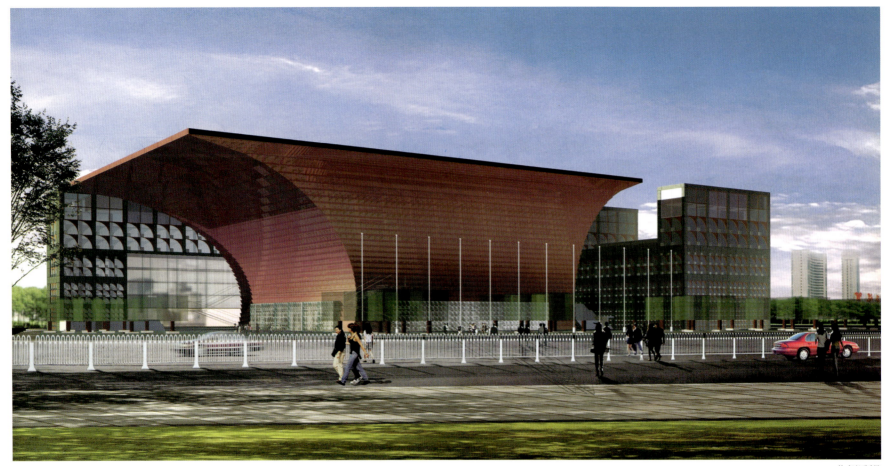

北侧透视

西立面

南立面

北立面

东立面

大厅透视

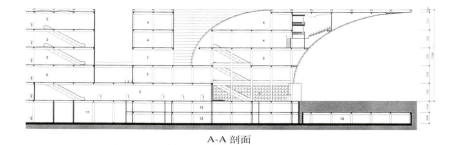

A-A 剖面

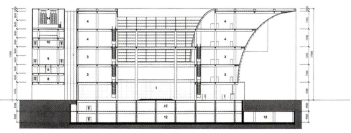

B-B 剖面

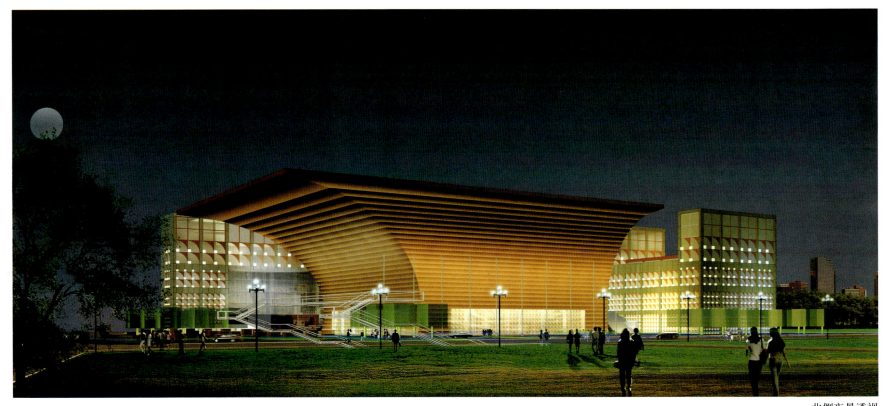

北侧夜景透视

夜景鸟瞰

K
美国 SOM 国际有限公司

都市设计和焦点

　　四合院建筑——北京是一座由城墙和庭院组合的都市，本工程结合北京紫金城的古老城门及简朴而高雅的胡同结构，创造了独具特色的内部安排，同时延续了城市城墙的传统风格。

内外结合

　　这座院落式博物馆结合四方广场、行人入口、现代花园开阔空间及展览厅的互连，景观及建筑来往通道的控制与加强，形成庭院作室外房间，天空作屋顶的意外境界。

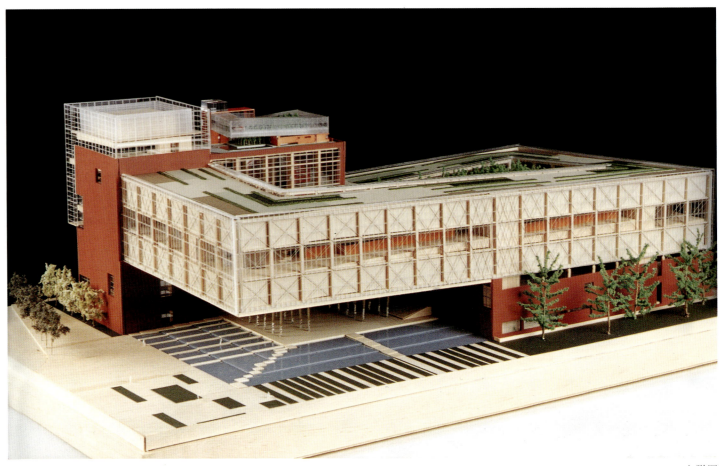

鸟瞰图

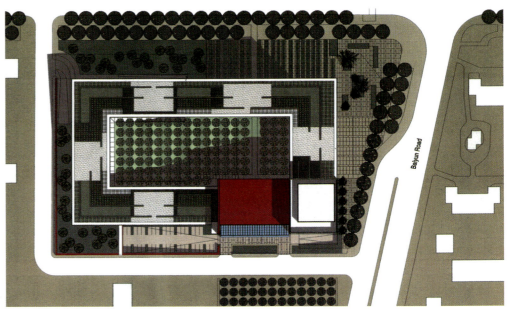

总平面

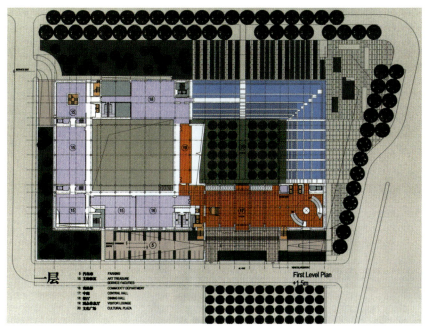
一层平面

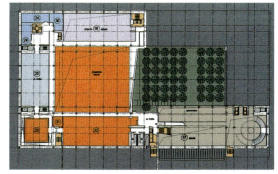
二层平面

三层平面

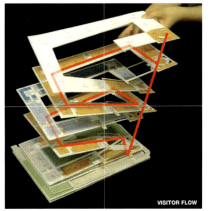
观众流线图

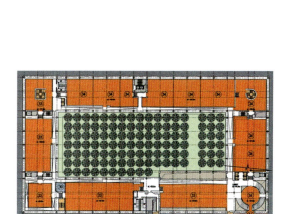
四层平面

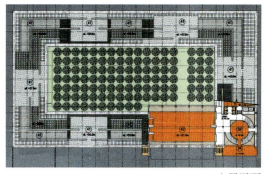
六层平面

五层平面

北侧透视

北立面

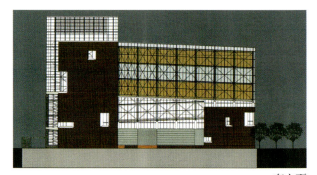

东立面

东西剖面

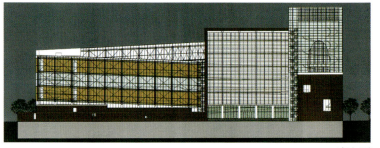

南立面

第二次征集方案目录

顺序号	设 计 单 位	
1	日本矶崎新设计室(方案一)	87
2	日本矶崎新设计室(方案二——概念性方案)	96
3	日本矶崎新设计室(方案三——概念性方案)	100
4	清华大学建筑设计研究院(方案一)	104
5	清华大学建筑设计研究院(方案二)	108
6	清华大学建筑设计研究院(方案三)	111
7	北京市建筑设计研究院(方案一)	117
8	北京市建筑设计研究院(方案二)	123
9	北京市建筑设计研究院(方案三)	128
10	（法国）AREP规划设计交通中转枢纽公司 中国建筑设计研究院	130
11	法国 DUBOSC & LANDOWSKI ARCHITECTES —— ALBINI ARCHITECTE CONSULTANT	138
12	德国克里休斯建筑设计事务所	144

第二次征集方案的经济技术指标一览表

编号	项目名称	计量单位	1 日本矶崎新设计室	4 清华大学建筑设计研究院 方案一	5 清华大学建筑设计研究院 方案二	6 清华大学建筑设计研究院 方案三	7 北京市建筑设计研究院 方案一	8 北京市建筑设计研究院 方案二	9 北京市建筑设计研究院 方案三	10 法国AREP规划设计交通中转枢纽公司	12 德国克里休斯建筑事务所
一	建设用地	m²		24000							
	建筑基底面积	m²	9270	17537	6000	6000	10775	6600	9566	8650	9742
	广场用地	m²	10650	6463	3300	6000	5765	13300	5051	3270	2500
	绿化用地	m²	8870	10839.7	12000	98000	3206	6416	8536	10210	8480
	道路及停车用地	m²	3290	3877.8	2700	2200	6052	3490	1630	1870	3278
二	总建筑面积	m²	62810	69426	58000	65000	62725	60000	60100	63720	59444
	地上建筑面积	m²	34360	29822	38000	41100	36418	30877	39102	32630	49890
	地下建筑面积	m²	28450	39604	20000	23900	26308	29123	20998	30790	9554
三	建筑密度	%	38.6	73.1	24.5	25.02	45	27.50	39.30	36.04	40
四	容积率		2.61	1.24	2.316	2.7	1.51	1.29	1.61	1.36	2.0
五	绿地率	%	36.9	45.2	50	40.83	13	20.90	35.07	42.54	35
六	建筑高度	m	53	25(塔高51.5)	46	58(塔楼)	36.05	32.50	37	54.5	45.6
七	层数	层	9	4	9	6(塔楼12层)	5	4	5	7	7
八	机动车停车数	辆	255	247	260	280	251	258	250	252	257
	地上停车数	辆	40	15	60	60	50	137	43	45	43
	地下停车数	辆	215	232	200	220	201	121	207	207	214
九	自行车停车数	辆	480	500	300	300	745	500	500	578	524
	地上停车数	辆	0	500	300	300	745	0	0	200	0
	地下停车数	辆	480	0	0	0	0	500	500	378	524

注：第2、3项为日本矶崎新设计室的概念方案，没有经济技术指标。
第11项法国DUBOSC & LANDOWSKI ARCHITECTES没有经济技术指标。

日本矶崎新设计室（方案一）

一、体现北京历史和将来建筑风格的建筑形态——本建筑的形态同时具有北京的传统性和将来性

建筑整体表现为一个巨大的对称块体，其平面呈椭圆形，立面轮廓为回旋曲线，沿街正立面的玻璃台座在继承了传统建筑形态的同时，又不失轻快，其宽敞通透的现代空间满足且融合了现代城市生活的需要。与此相反，台座上方近似悬空的椭圆块体除顶层外几乎无窗，采用传统的外墙砖（灰黑色）装修的封闭外墙，给建筑以庄重大方的感觉。

二、公共广场和展陈空间——建筑内部空间的布局和功能

从建筑的外观可知本建筑主要拥有两大功能，下方由玻璃围起的台座部分基本为向城市开放的公共空间，其空间布局呈一体的阶梯形分布，形成了一宽敞明亮的内部阶梯式公共广场。

本设计改变以往单纯的展陈功能分割布局，以新的方式将文物合为一体展示，即把基本陈列和专题陈列空间作为一个整体。在这个层高20m的整体大展厅中有一条主线，围绕该主线设置有各种不同高度且大小各异的专题展厅。历史主线空间蜿蜒层叠，表现出北京历史的悠久和深远，与其配合的专题展陈空间则根据需要时而沾边时而紧贴，时而跨越两三层空间，表现出各个时代的连续和交错，形成文中有物，物中有文的展陈空间。

三、信息交换可能的前置——开放型下沉媒体广场

在室外广场北侧设有面向城市的前置广场，该广场从东西两侧向中央缓缓下沉，是一个集信息交换功能的开放型媒体广场。人们可以通过设在广场上的末端系统及电子海报等随时获取或交换信息。

四、体现现代性的建筑

本设计是在继承传统建筑形态的基础上加上现代建材而综合表现的现代建筑。

北侧透视

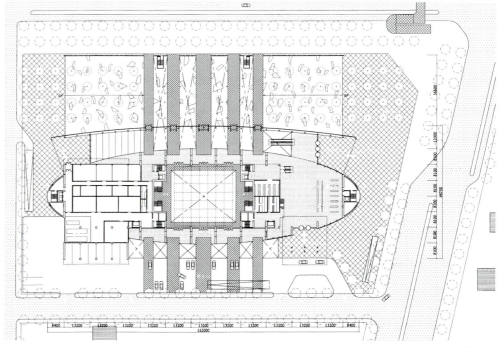

总平面

夜景鸟瞰图

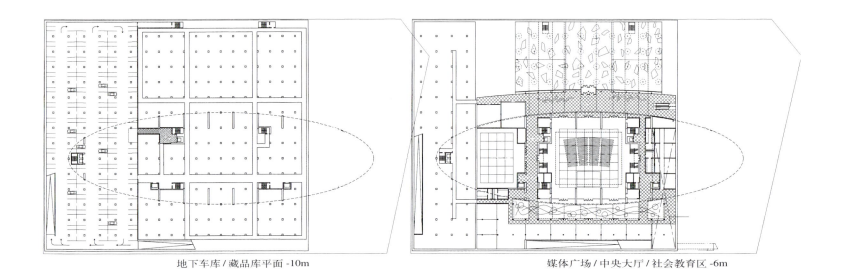

地下车库 / 藏品库平面 -10m　　　　媒体广场 / 中央大厅 / 社会教育区 -6m

大厅透视

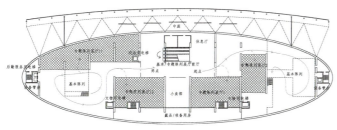

基本/专题陈列展厅 +16m

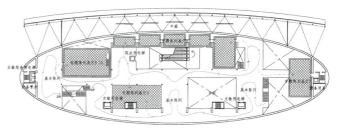

基本/专题陈列展厅 +22m

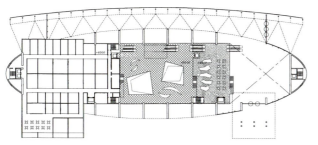

综合服务区/电教视听区平面 +3_+6m

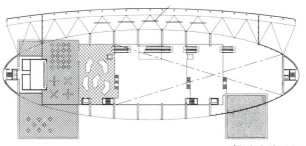

餐厅平面 +10m

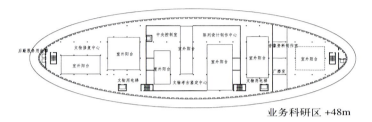

业务科研区 +48m

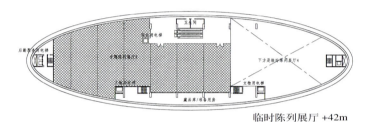

临时陈列展厅 +42m

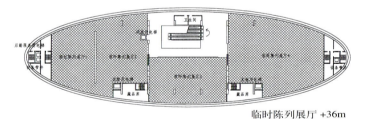

临时陈列展厅 +36m

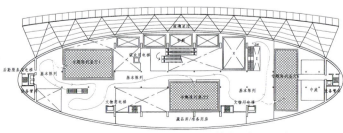

基本/专题陈列展厅 +28m

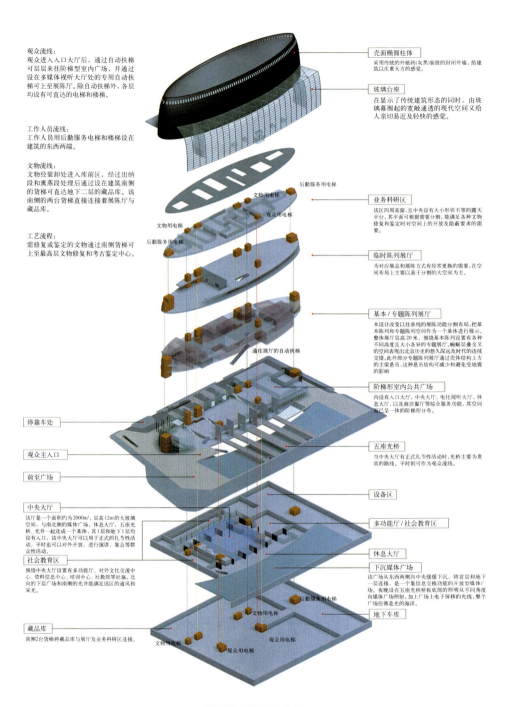

空间构成及流线组织

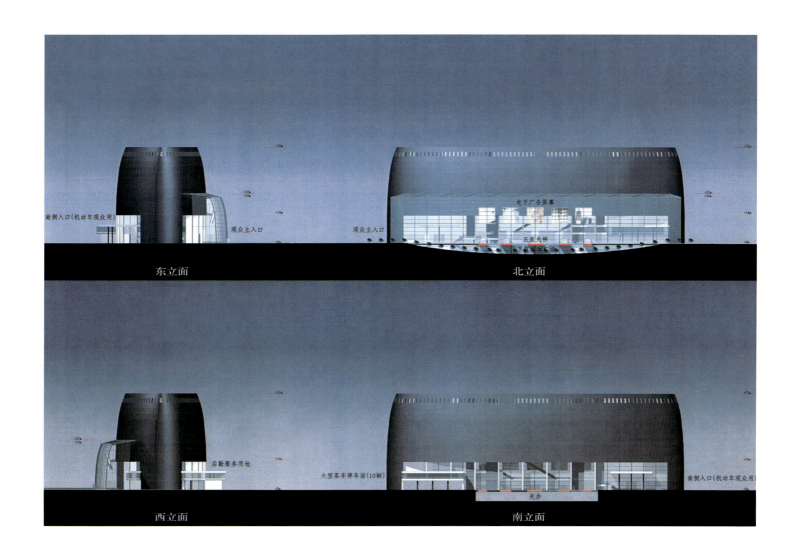

东立面　　　　　　　　　　　　　北立面

西立面　　　　　　　　　　　　　南立面

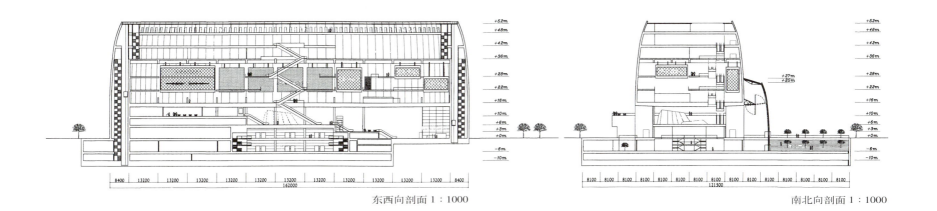

东西向剖面 1：1000　　　　　　　南北向剖面 1：1000

修改方案(一)效果

修改方案(一)夜景

修改方案(二)效果

修改方案(二)夜景

日本矶崎新设计室（方案二——概念性方案）

整体造型

由8根巨大柱子架起的距地面30m高的建筑是古代建筑形态的现代版，博物馆的主要功能之一展厅部分设置在其中，最上层为业务科研区。

文化休闲广场

在地下设施的上方有一张连续的缓缓起伏的绿色膜覆盖，膜的整个表面是一个巨大的向市民开放的城市性文化休闲广场。

文化广场的表面膜上开有两处伸至地下的光井，该光井不仅给膜增添了色彩，同时还可把阳光带入地下空间。

展陈区

改变以往单纯的展陈功能空间分割布局。把基本陈列和专题陈列空间作为一个整体进行展示。

北侧鸟瞰图

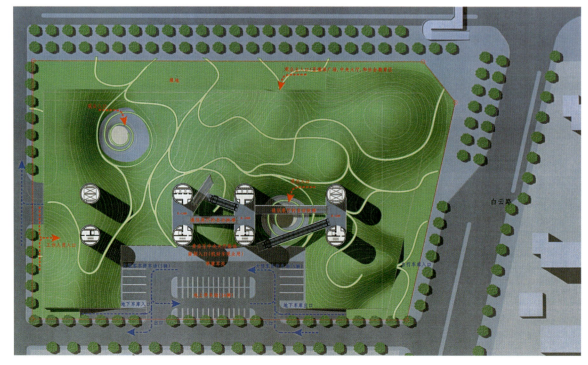

总平面

北侧透视

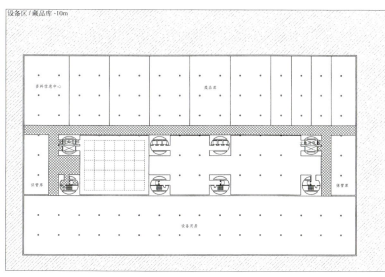

-10m 标高

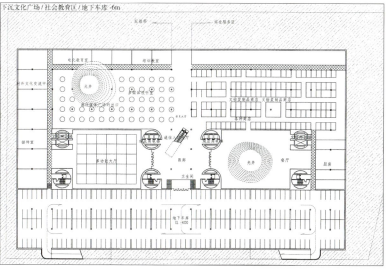

-6m 标高

97

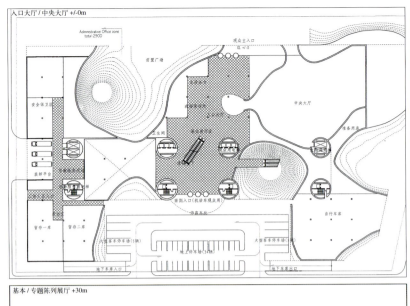

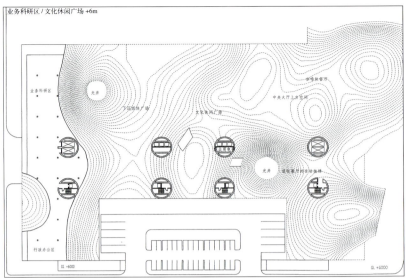

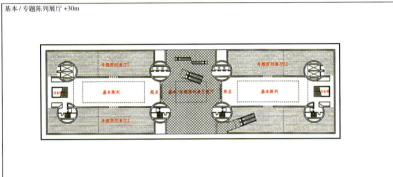

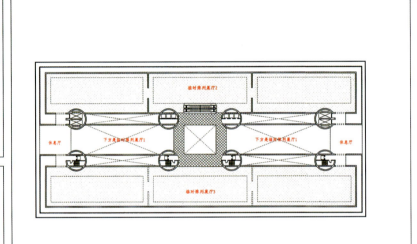

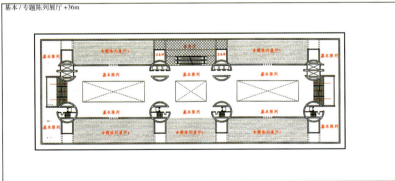

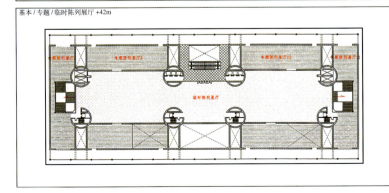

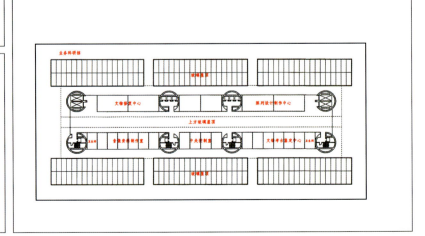

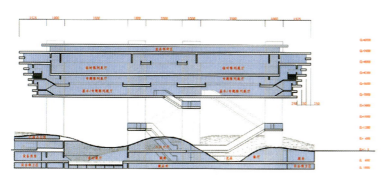

东西向剖面

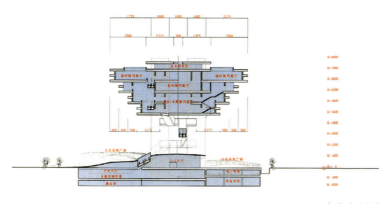

南北向剖面

整体造型
当8根巨大的柱子架起的距地面30m高处的建筑是古代建筑形态的现代版,博物馆的主要功能之一展厅部分设置在其中,最上层为业务科研区。

业务科研区

展陈区
通过主自动扶梯等可以直接到达。本设计改变以往单纯的展陈功能分割布局,把基本陈列和专题陈列空间作为一个整体进行展示,蜿蜒层叠交叉的空间表现出北京历史的悠久深远及时代的连续交错。形成了文中有物,物中有文的展陈空间,临时展厅的空间布局上主要以易于分割的大空间为主。

货物用电梯1

主自动扶梯

货物用电梯2

光井
文化广场的表面膜上开有2处伸至地下的光井,该光井不仅给膜增添了光彩,同时还可把阳光带入地下空间。

文化休闲广场
在各地下设施的上方有一张连续的缓缓起伏的绿色膜覆盖。膜的整个表面是一个巨大的向市民开放的城市性文化休闲广场。

行政办公区

自行车库

中央大厅
该大厅设在文化广场下方紧邻入口大厅,其顶部凸起,平面是不规则形,从复兴门外大街可以直接进入该大厅。中央大厅除了可以进行正式的礼节性活动外,平时还可进行演讲集会等群众性活动。

地下车库

社会教育区

综合服务区
综合服务区/社会教育区
该两部分功能设置在文化休闲广场下方,从光井处可以直接进入。其功能与展陈区明确分离,必要时可以提供其独立运营的可能性。

设备区

藏品库区

空间构成

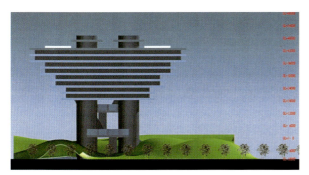

东立面

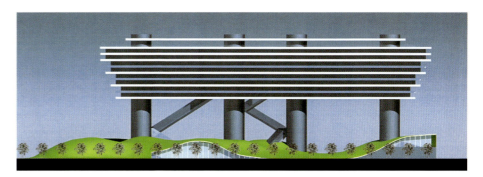

北立面

日本矶崎新设计室（方案三——概念性方案）

除一般观众电梯外还采用巨大的团体电梯，可以一次性的将人流送至最高层展厅，然后由上而下，顺道参观。

行政办公和业务科研楼与展区等公共部分相对独立。

下沉文化广场——集各种文化教育和休闲设施在内的，向市民开放且具有独立性的下沉公共空间，通过设在开放形圆形入口的坡道及自动滚梯可以将人流引入该空间。同时，圆形入口等两处光井又可把阳光带入地下空间，给人提供了舒适的用餐、购物及交流休闲环境。

将基本陈列与专题陈列展厅融和为一体进行展示，剖面形状相同的展廊纵横交错地延伸，形成了变化多端，双向交流的展陈空间。

北侧鸟瞰图

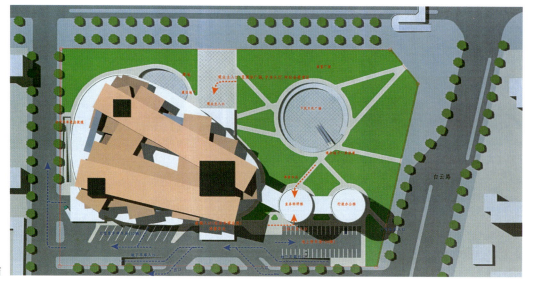

总平面

北侧透视

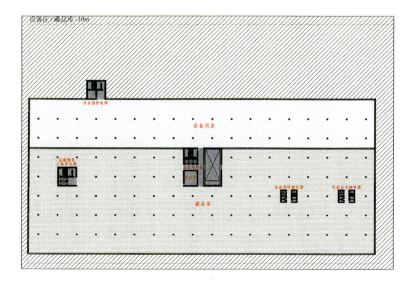

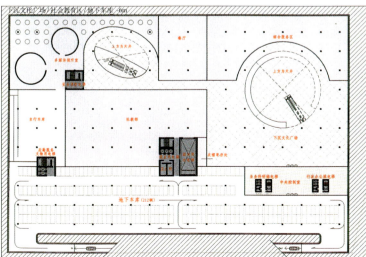

101

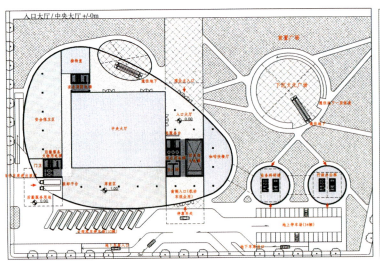
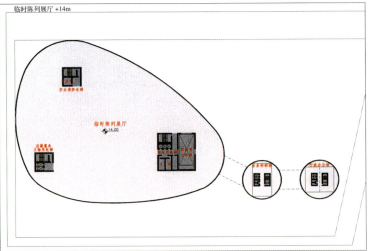
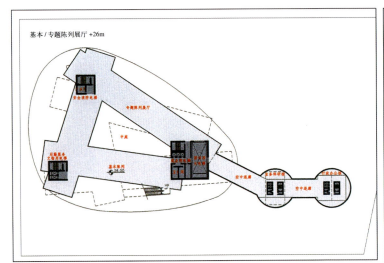
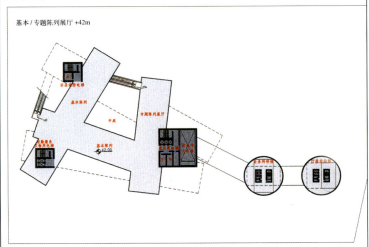
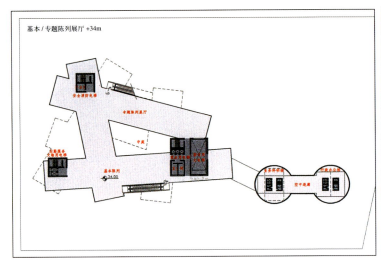
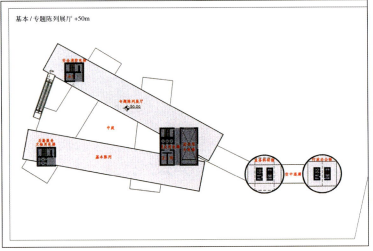

空间构成

竖向交通(电梯,自动扶梯)
本设计中有三个主要竖向交通核心,它们分别是:A)观众用一般和团体电梯;除一般观众用电梯外,团体电梯的设置是本设计的主要特点之一,该巨大电梯可以同时一次性的将人流送至最高层展厅,然后由上而下顺道参观。B)后勤服务及文化用电梯。C)安全消防用电梯。自动扶梯连接各层,供观众顺利地前往各展厅。

业务科研栋

行政办公栋
该两栋后勤大楼与展区等公共部分相对独立。设在业务科研栋内的文物修复中心与地下藏品库间有货梯直接连接。文物修复中心可以保证有充足的自然光。

入口大厅
该大厅内设有售票处及总服务台,另外保安区也设在该层。

光井

首层前置广场
建筑用地的东南角,面向城市设置的该博物馆前置广场可以聚集前来参观的人流。

下沉文化休闲广场
这是一个集各种文化教育和休闲设施在内的,向市民开放且具有独立性的下沉公共空间。通过设在开敞型圆形入口内的坡道及自动扶梯可以将人流引入该空间。同时圆形入口处两处光井又可把阳光带入地下空间,给人提供了舒适的用餐、购物及交流休闲环境。

后勤服务及文物用电梯

安全消防用电梯

观众用一般和团体电梯

基本陈列/专题陈列展厅
本设计将该两部分展厅融和为一整体进行展示。剖面形状相同的展廊纵横交错地延伸,形成了变化多端及双向交流可能的展陈空间。

室外展区
展厅外围的露天平台及由展厅围起的中庭均可以用做室外公共展区,观众可以在此休息观赏。

临时陈列展厅

中央大厅
该大厅是一个两层高的大空间,可以进行正式的礼节性活动,平时则对外开放,作演讲等群众性活动之用。同时在大厅一侧设有贵宾接待室。

下沉文化广场圆形入口

地下车库

自行车库

社会教育区

综合服务区

藏品库区

设备区

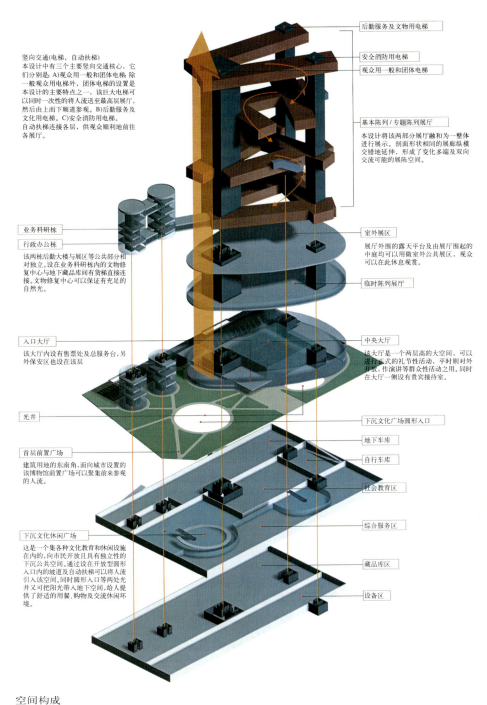

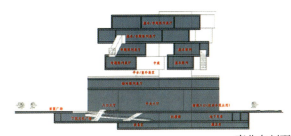

南北向剖面

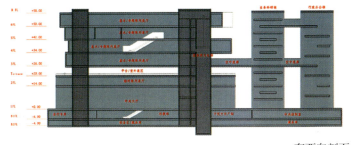

东西向剖面

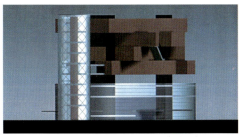

东立面

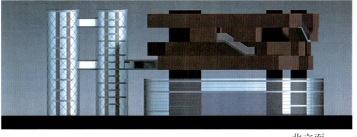

北立面

清华大学建筑设计研究院（方案一）

方案构思及设计原则

1. 博物馆是文化建筑，作为中国首都和历史文化名城北京的标志性建筑之一，首都博物馆应该具有深刻的文化内涵。

2. 拟建的博物馆位于首都长安街延伸线外的复兴门外大街，新建筑应该创造新的"地点感"(Scene of place)，在现实世界中能给人一点"历史的回忆"。

3. 对这项独特的设计，首先需要"寻找母题"(theme)结合功能发展的可能性，决定采用"元代城墙"与"双塔庆寿寺"（双塔原为元塔，1958年因扩建长安街被拆除）作为形象创造的原型，予以新的建筑构图出发点。

4. 由于当前建筑地点四周建筑群并无规律，且新建筑阴面面街，故设计与平面布局宜采用最为严谨的造型以引入注目。

如上所述，因为外部环境条件不佳，设计改为塑造由建筑围合而成的"广场"（上有玻璃天窗），世界名胜意大利圣马可广场被赞为欧洲最美丽的"客厅"（拿破仑语），我们也将塑造一个富有文化气息的、庄严的、宜人的"市民客厅"，它由一系列展览厅围成的内庭形成。在广场内放置北京一些文物雕刻如著名碑碣、石刻、经幢之类，内庭正中墙面上设置放大的由五彩现代琉璃镶嵌的"广寒宫"图（元代）。

内庭中央的下一层建喷水池，四周建茶室以供人休息。

5. 建筑艺术处理

象征元代"土城"的三层展览建筑，外部全部种以爬藤植物，象征"蓟门烟树"。

元代"土城"的周边环以水池，象征"护城河"，水池底部使用玻璃板，使地下一层四周的办公用房能得到自然采光。大门入口采用元代"和义门"为母题。"和义门"即元代西直门，明代筑城修西直门时，将其包在城墙之内，文革时拆除西直门，亦不幸被拆毁，用此外形作为大门，可以弥补被拆毁的遗憾，增加博物馆的历史延续感。

"双塔"下部三四层作为大模型的玻璃照明亮顶，五层以上塔部，可间用现代琉璃，作成空架，成为具有古典风格的现代彩色雕塑。在白天加强建筑物丰富的轮廓线，夜间可以照明，成为城市标志之一。

6. 美学思想——"大象无形"

本方案运用了一些古代建筑的母题，但对它的处理必须是现代的。

无论"城墙"、"双塔"，都运用最为严谨朴素的处理手法，但在长安街上显现出以简单的几何形体取胜，并在东侧放置现代雕塑，亦庄亦谐，无比丰富。在繁华的长安街上，建筑物光怪陆离，而博物馆却将自己隐蔽在绿丛之中，古代美学思想"大象无形""虚室生白"（庄子语）正是此意。

北侧透视

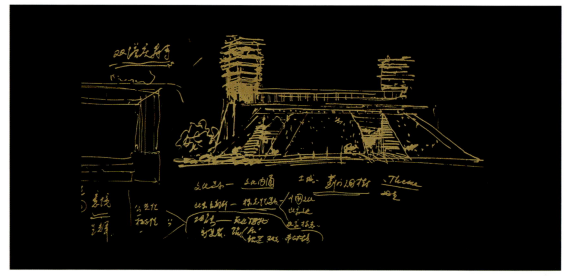

构思草图

大厅透视

鸟瞰图

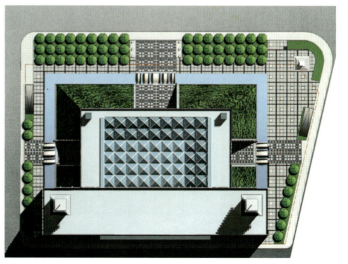

总平面

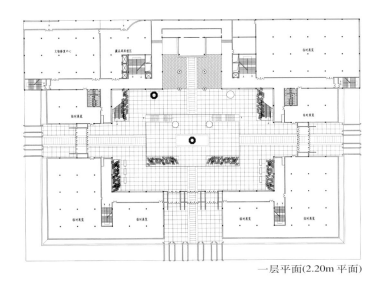

一层平面(2.20m 平面)

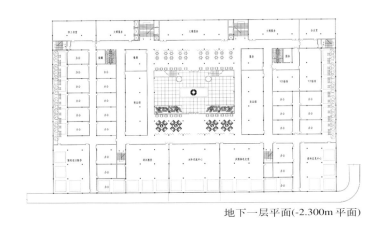

地下一层平面(-2.300m 平面)

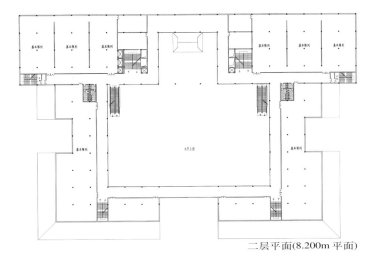

二层平面(8.200m 平面)

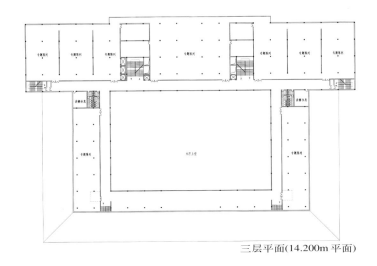

三层平面(14.200m 平面)

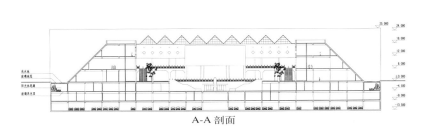

A-A 剖面

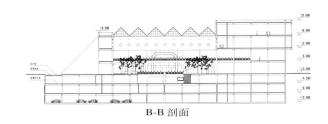

B-B 剖面

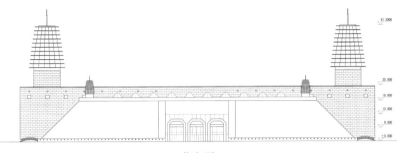

北立面

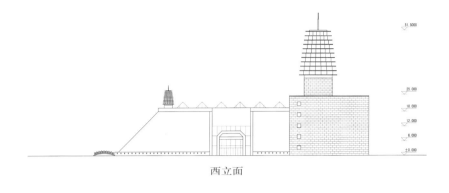

西立面

四层平面(20.200m 平面)

墙面绿化构造剖面示意

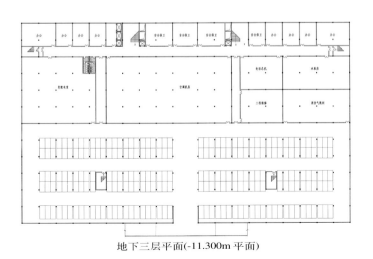

地下三层平面(-11.300m 平面)

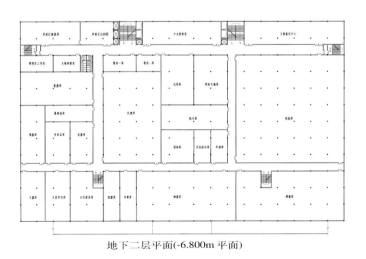

地下二层平面(-6.800m 平面)

| 清华大学建筑设计
研究院
（方案二） |
|---|

总体构思及设计理念

　　建筑尽量往西南角靠，在场地东北方向空出大片绿地作为市民广场，以改善博物馆前环境质量。

　　建筑形体力求简洁含蓄，色彩上以北京市城市主色调——灰色为主，使整个博物馆建筑形象体现出地区文脉和现代的结合，并突出现代感。

建筑造型

　　体型特征：外形简洁有力，具有现代博物馆含蓄典雅的气质，整个建筑物轮廓线较丰富，富有标志性。

　　色彩与材料：建筑外饰面采用深灰色花岗石面材，大厅入口处用红色花岗石(或红色砂岩)做成富有北京传统特色的红色大门，饰以门钉状的灯管装饰，夜晚华灯初上时绚丽灿烂，给人以强烈的视觉冲击并具有浓重的北京地区特征。

　　本方案建筑造型基本构思为：以简洁有力的体型、强烈的色彩对比、现代材料和传统材料的搭配使用、建筑和室外环境的相互结合而使建筑具有明显的博物馆建筑个性，这本身就是标志性。整个建筑物呈现强烈的现代感，同时又具有地区传统文化的内涵。

北侧透视

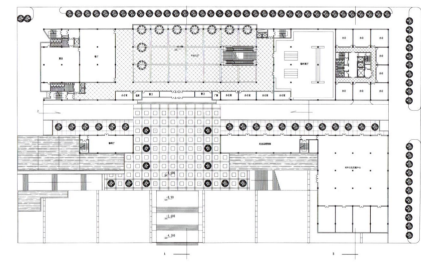

首层(±0.00)平面

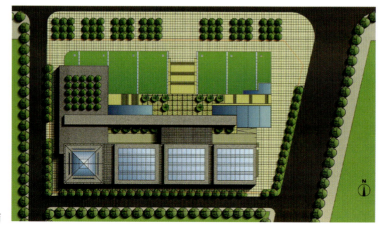

总平面

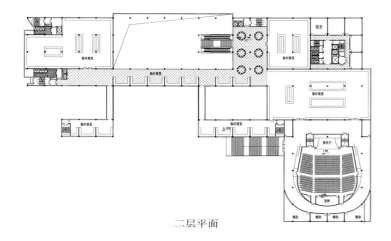

二层平面

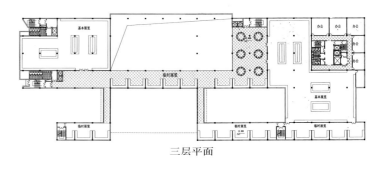

三层平面

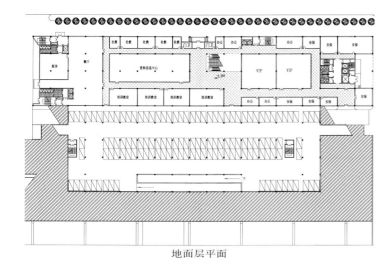

地面层平面

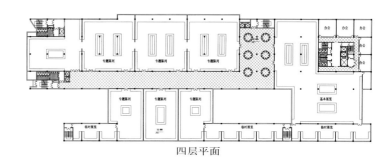

四层平面

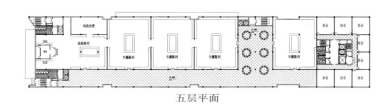

五层平面

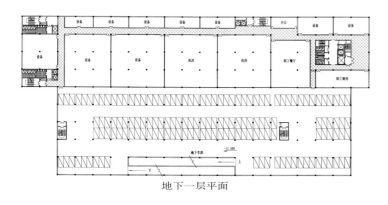

地下一层平面

办公部分标准层平面

夜景鸟瞰图

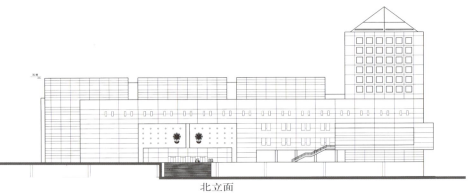
北立面

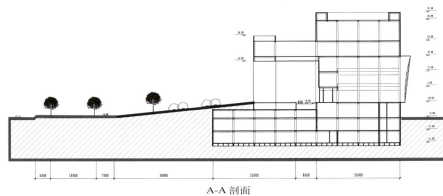
A-A 剖面

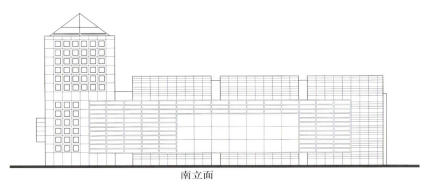
南立面

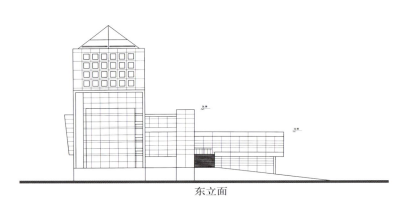
东立面

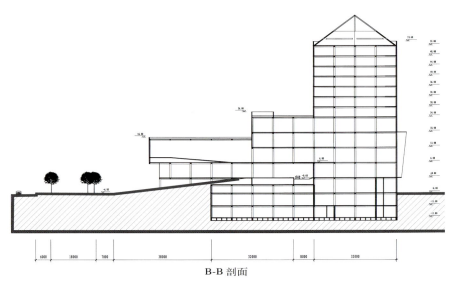
B-B 剖面

清华大学建筑设计研究院（方案三）

1. 设计理念及总平面布局

降低建筑密度，空出大片绿地，改善博物馆室外环境。

建筑形体力求简洁，色彩上要反映北京市传统主色调，建筑材料上现代材料和传统石材配合使用，使整个博物馆筑形象体现出地区文脉和现代的结合，并主要突出现代感。

主体建筑正面主要出入口面向市民广场，从两条大街来看都很突出，较好地解决了建筑主要人流入口和礼仪性出入口的重复设置问题。

2. 建筑造型

体形特征：外形简洁有力，大面积实墙面（开小窗）显示出博物馆建筑的特征，整个建筑虚实对比强烈，具有强烈的现代感。宽阔的主入口设计成具有北京地区特色的大红门形象，和灰色花岗石墙面相衬给人以强烈的视觉冲击并具有浓重的北京地区特征。

色彩与材料：整个建筑以北京市城市主色调灰色为主，衬以红色大门。主要外饰面材料以花岗石、玻璃为主，既具有时代感又具有恒久性。大红门上的门钉乃是直径50cm左右的玻璃筒灯，夜晚华灯初上，将使博物馆建筑正立面呈现出一派绚丽景象。

本方案建筑外形设计基本构思是：以简洁有力的体型、强烈的色彩对比、现代材料和传统材料的搭配使用、建筑和室外环境相互结合而使本建筑具有明显的博物馆建筑个性，这本身就是标志性，同时整个建筑物呈现出强烈的现代感，同时又具有地区传统文化内涵。

北侧透视

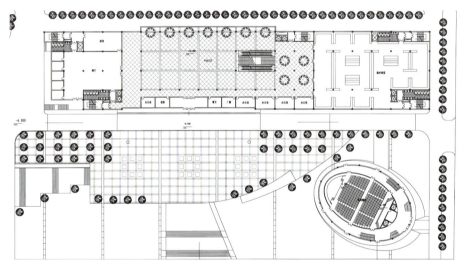

首层平面（±0.0m）

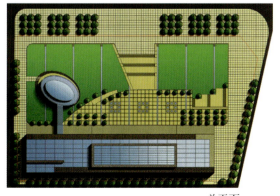

总平面

创作草图

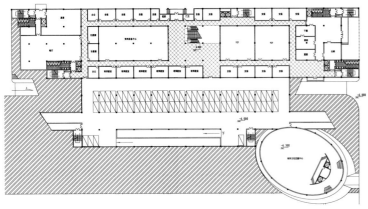

地面层平面(-6m)

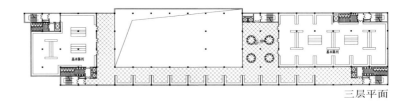

三层平面

四层平面

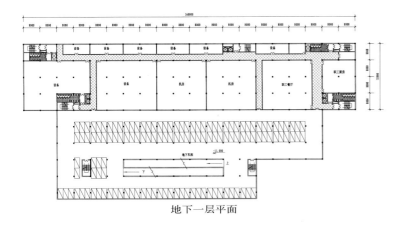

地下一层平面

五层平面

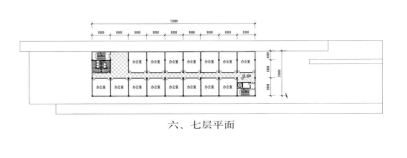

六、七层平面

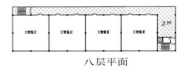

八层平面

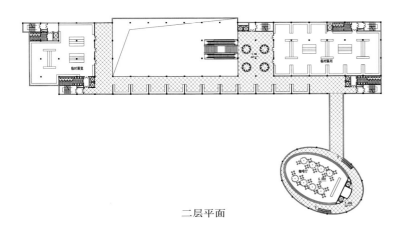

二层平面

大厅透视

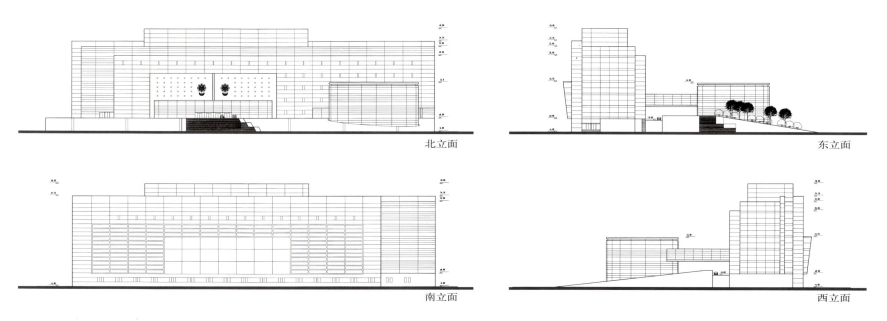

北立面

东立面

南立面

西立面

夜景鸟瞰图

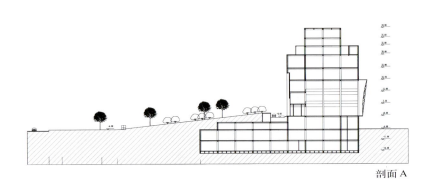

剖面 A

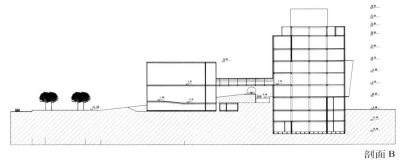

剖面 B

修改方案效果

修改方案夜景鸟瞰

北京市建筑设计研究院（方案一）

北侧透视

建筑与城市之间的对话

1. 建筑总体布局

将建筑部署在用地的西南侧，而在其东、北侧留出较大的空间，其中北侧留出大平台，弱化了城市空间的局促感觉，在建筑的东北侧布置了一个内院，形成一个从开放到半开放的城市空间。

2. 广场、绿化设计与市民生活

北广场为一坡面广场，上植落叶乔木，形成绿化广场。东面为下沉广场，主要供临时展厅使用。东、北两侧空间从室外广场过渡到内院，为市民参观休闲提供了一个良好的场所，也可以为礼仪活动提供合适的空间。

建筑构思特点

1. 建筑空间组织与构思

体块关系——选择矩形体块，为修补破碎的城市空间和实现合理的内部功能关系提供了一个良好的基地。

空间关系——从东向西，分别布置了内院、大厅、展厅三大空间体块，空间从内院到有阳光的公共大厅再到展厅，层次清晰，收放有序。

2. 建筑形式及个性

通过矩形体块及内院的围合，用以表现传统空间的精髓，东侧外倾的扭面设计，使建筑与地形环境结合得更加紧密。建筑外面采用大量石材，表达了博物馆建筑的个性。

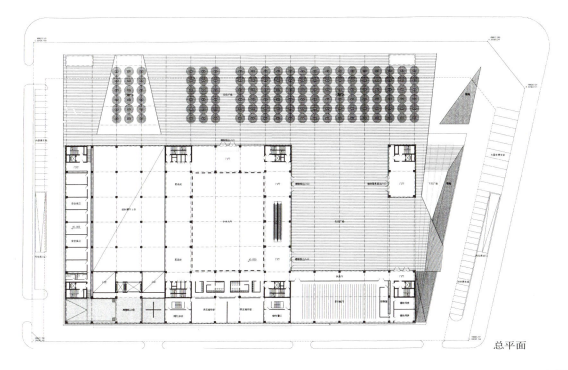

总平面

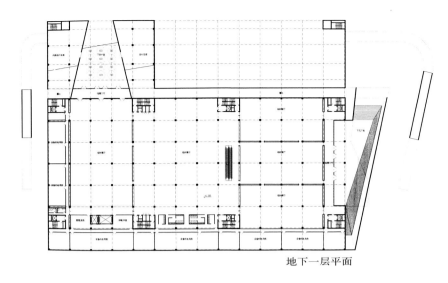

地下一层平面

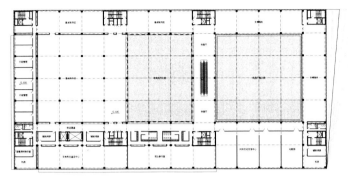

三层平面

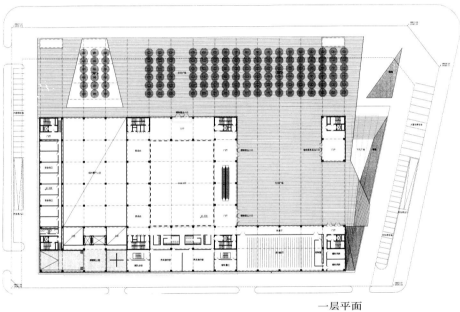

一层平面

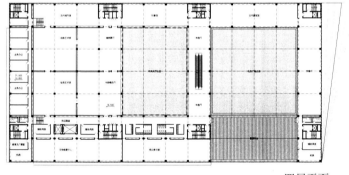

四层平面

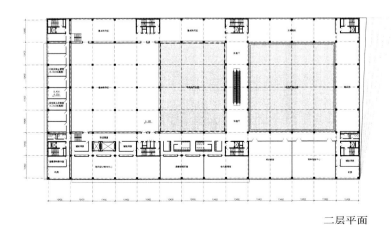

二层平面

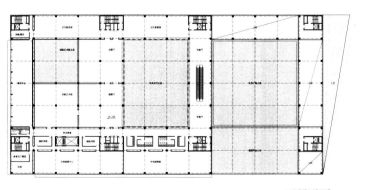

五层平面

东侧透视

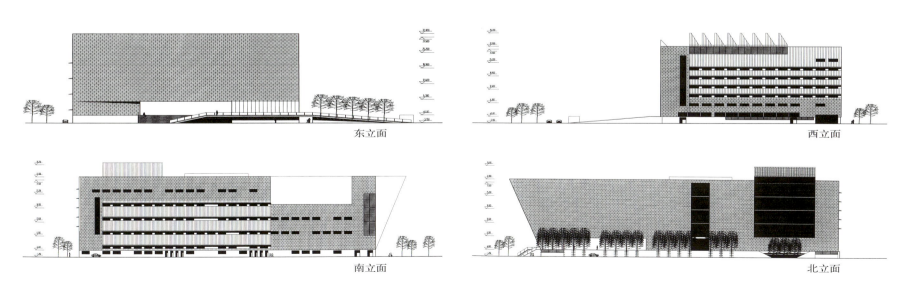

东立面　　西立面

南立面　　北立面

西北向透视

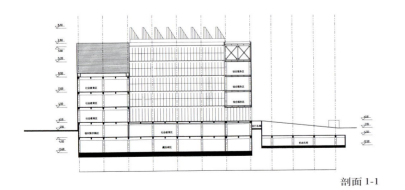

剖面 1-1

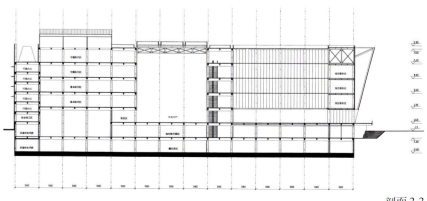

剖面 2-2

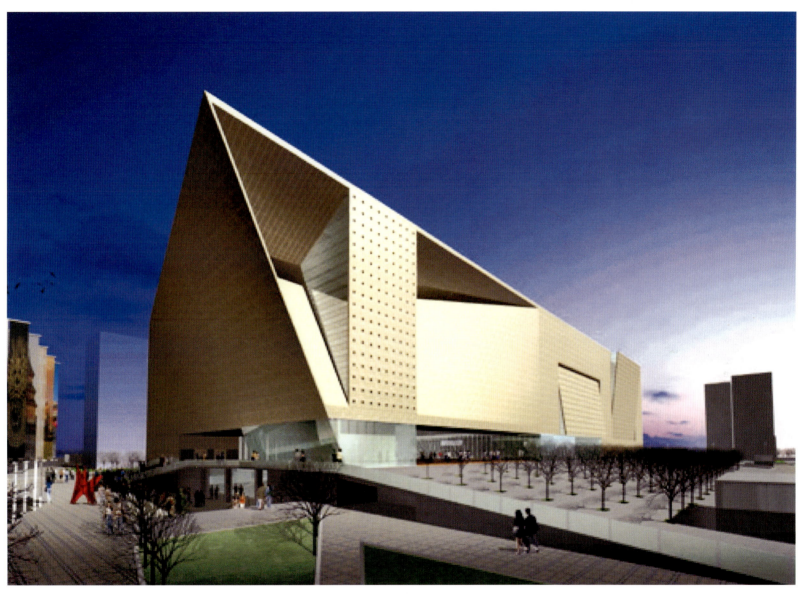

修改后立面

修改后立面夜景

北京市建筑设计研究院（方案二）

方案构思及城市设计
——三个广场形成建筑与城市之间的对话

1．将展厅分别布置在半地下层及顶层，从而使地面层空间充分对城市开放。利用高差及架空的空间，将广场空间分为三个层次：
——外部休闲广场；
——中部礼仪文化广场；
——内部平台花园广场。

2．博物馆各部分的使用功能与三个广场紧密结合：
——临时展厅结合外部休闲广场形成独立开放的外部出入口；
——透明的中央大堂结合中部礼仪广场，形成有文化礼仪氛围的广场空间；
——餐饮、文博服务、多功能厅等综合服务用房，结合内部平台花园广场，形成有亲和力的市民休闲空间。

3．创新的功能，产生独特的建筑形式

巨大的方形体块容纳了重要的展陈空间——正方体中部形成直径约45m的圆形空间，使得内部展陈空间形成合理的中心发散式的展陈布局。

架空的正方体提供了展陈（基本陈列和专题陈列）空间最大的灵活性：
首先，可利用底部结构空间容纳大量机电设备管道，并将展厅区空调设备系统集中在核心筒区，保证了展区无机房的设计。解放了展陈的顶部空间，可实现大部分展厅利用自然光。

同时采用大跨度顶部结构，使得整个展厅大部分空间没有柱子，使布展更为自由灵活。

底部结构可提供下沉的展示空间。使得出土墓穴、城市沙盘等需俯瞰的展品布置起来非常方便。

有顶的广场使人们在博物馆的休闲活动中风雨无阻，夏季更能遮挡似火骄阳，同时能产生宜人的小气候。

充满动感的曲面顶棚。喻意我们这个巨龙腾飞的时代，也正是本方案造型设计的中心思想。

北侧透视

总平面

模型鸟瞰图

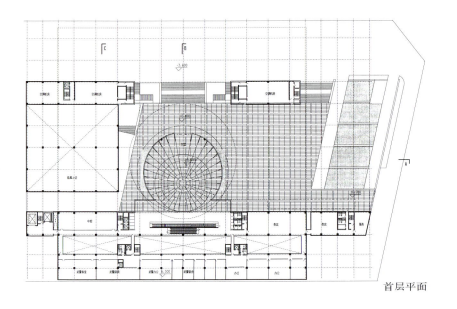

首层平面

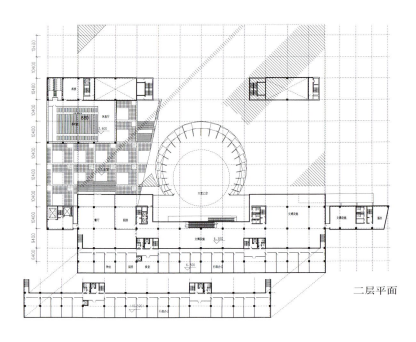

二层平面

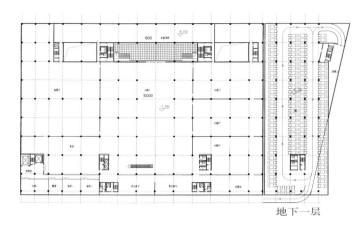

地下一层

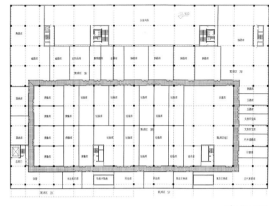

地下二层

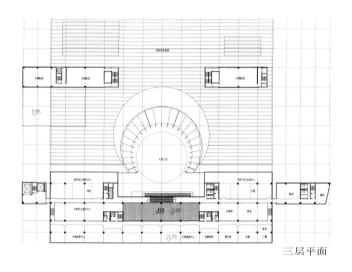

三层平面

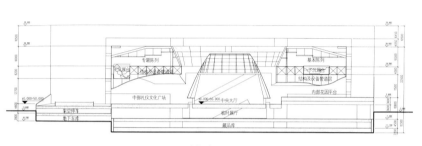

剖面 A-A

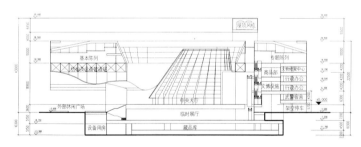

剖面 B-B

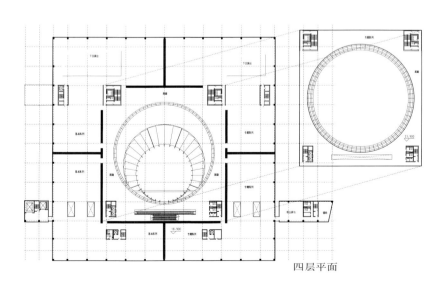

四层平面

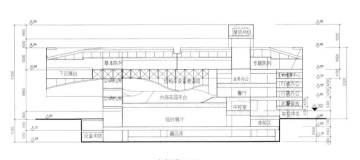

剖面 C-C

大厅透视

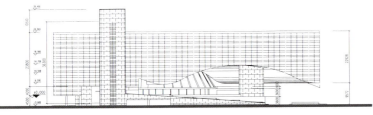

东立面

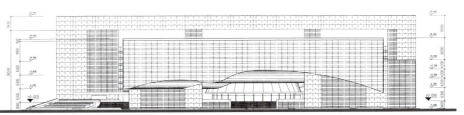

北立面

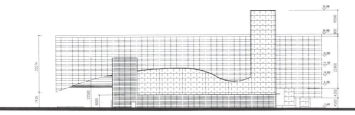

西立面

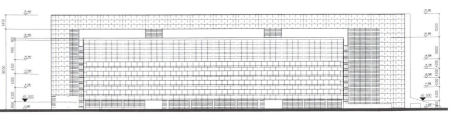

南立面

大厅鸟瞰

鸟瞰图

北京市建筑设计研究院（方案三）

设计原则

1. 调整原方案中功能分布上的缺陷，使之更为顺畅合理。
2. 缩减原方案的建筑面积，充分利用建筑空间。
3. 保持原方案的建筑造型和外观，并适当扩大室外广场休闲空间。

具体做法：

1. 从平面上缩减建筑面积。
2. 调整核心筒的位置、规模及平面布置以提高使用效率。
3. 改动自动扶梯和公共楼梯的位置以缩短交通流线，减少交通面积。
4. 调整多功能厅、警卫宿舍的位置，增加办公面积，从而使功能区域分布更加明确，使空间利用率更高。
5. 保留原方案中礼仪大堂的宏大的空间形态。
6. 保留原方案中室外宏大的台阶形式。保留并扩大原方案中室外休闲广场，增加公共活动空间。

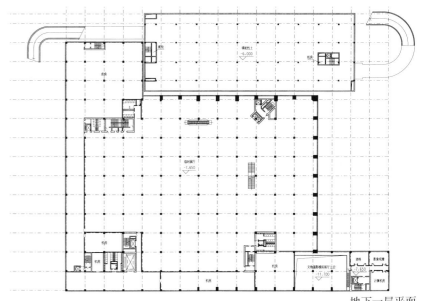

地下一层平面

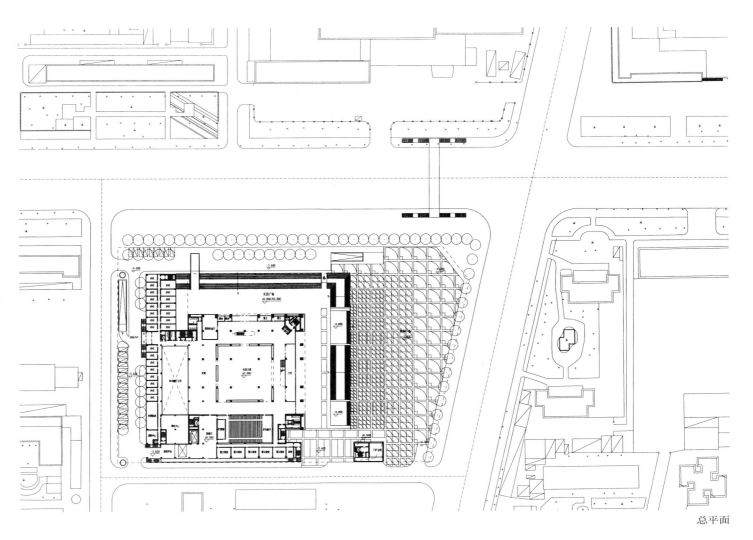

总平面

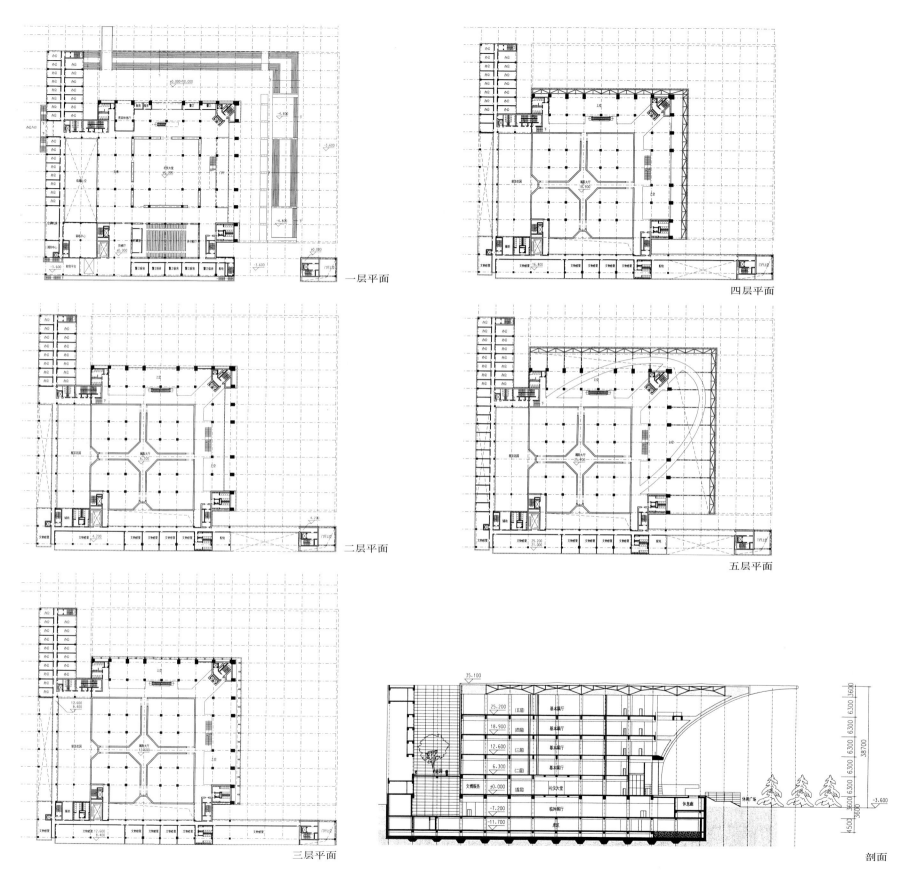

(法国)AREP规划设计交通中转枢纽公司
中国建筑设计研究院

设计概念

利用青铜、木和砖这三种具有中国传统色彩的材料与其他现代材料一起，共同创造出功能清晰、造型别致、空间开放，属于北京的现代博物馆。

后退红线形成文化广场。

基地景观设计主要由北侧红线起至南侧建筑的首层及地下分别设置了一上一下两条绿色坡道。

由于地处两条街道的交汇处，博物馆的形象和体量处理对于城市空间的形成十分重要。本方案将"青铜器"放置在路口，其他部分以通透的玻璃幕墙相连。它造型特别，材质厚实，必将成为该路口的视觉中心。

博物馆——城市空间

现代博物馆不仅仅是功能单一的收藏和展览文物的地方，它同时属于城市，是城市的一部分，因此是开放而非封闭的，市民和旅游者可以自由地出入大厅和竹院等空间，进行休闲活动。

材料与形式

"青铜器"具有特别的造型和历史气息浓郁的青铜表面，其内部是专题陈列馆。它采用封闭的造型使观众倍感神秘。一条条沿线型排列的小窗凸出表皮，螺旋上升的形式，隐喻着内部坡道的位置所在。底部为一多功能厅，渐渐升起的座位与"青铜器"的底部形式完美结合，体现了形式和功能的紧密关系。

北侧夜景透视

东侧透视

1.大厅	5.资料室	9.广场
2.临时展厅	6.中心控制室	10.善本书库
3.文物修复中心	7.门卫	11.碑贴书库
4.阅览室	8.竹园	12.摄影室

一层平面

1.多功能报告厅　5.音响资料制作室
2.中央控制室　　6.接待室
3.值班休息室　　7.贮藏
4.教育及广播室

+8.00m 标高平面

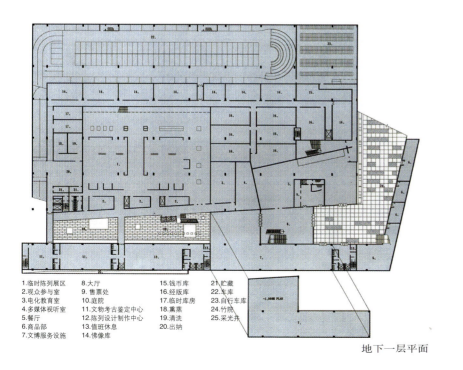

1.临时陈列展区	8.大厅	15.钱币库	21.贮藏
2.观众参与室	9.售票处	16.经版库	22.车库
3.电化教育室	10.庭院	17.临时库房	23.自行车库
4.多媒体视听室	11.文物考古鉴定中心	18.熏蒸	24.竹院
5.餐厅	12.陈列设计制作中心	19.清洗	25.采光井
6.商品部	13.值班休息	20.出纳	
7.文博服务设施	14.佛像库		

地下一层平面

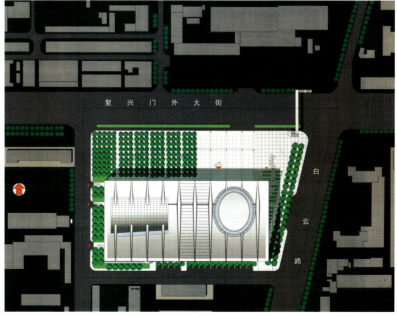

总平面

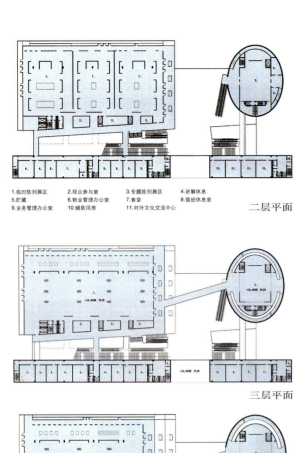

1.临时陈列展区　2.观众参与室　3.专题陈列展区　4.讲解休息
5.贮藏　6.物业管理办公室　7.食堂　8.值班休息室
9.业务管理办公室　10.辅助用房　11.对外文化交流中心

二层平面

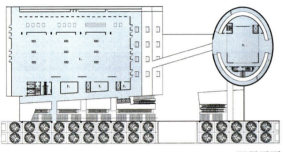

三层平面

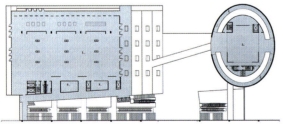

四层平面

五层平面

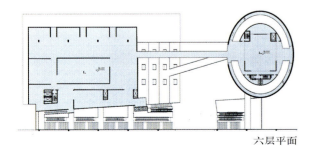

六层平面

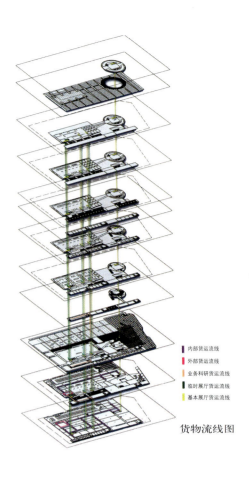

员工流线
基本展厅参观流线
临时展厅参观流线
设备使用流线
其他活动流线

人员流线图

内部货运流线
外部货运流线
业务科研货运流线
临时展厅货运流线
基本展厅货运流线

货物流线图

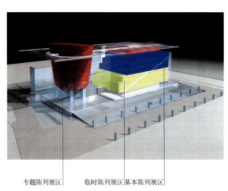

专题陈列展区　临时陈列展区　基本陈列展区

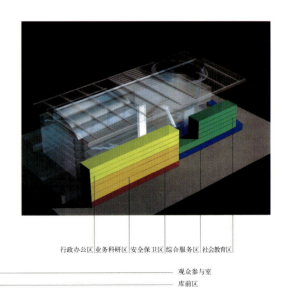

行政办公区　业务科研区　安全保卫区　综合服务区　社会教育区

观众参与室
库前区
藏品库
设备用房
停车场

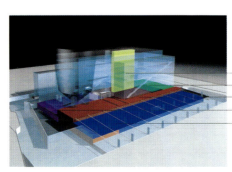

功能分析图

北立面

东立面

南立面

西立面

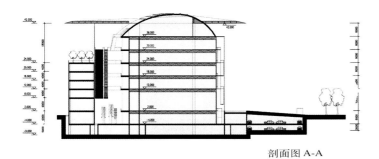

剖面图 A-A

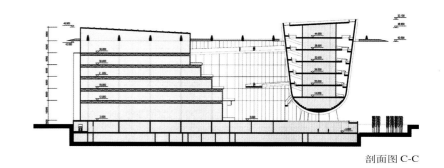

剖面图 C-C

剖面图 B-B

剖面图 D-D

大厅透视

材料与形式

①"青铜器"

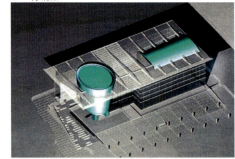 

"青铜器"特别的造型和历史气息浓郁的青铜表面，将给任何一个参观者留下深刻的印象。其内部专题展馆的展品皆是极具艺术和历史价值的"珍室"。因此设计中采用了封闭式的造型，使观者倍感神秘，自动扶梯插入梯形开口带领人们开始了探宝的旅程。一条条沿线形排列的小窗口凸出表皮，螺旋上升的形式隐喻着内部坡道的位置所在。底部为一多功能厅，渐渐升起的座位与"青铜器"的底部形式完美结合，体现了形式和功能的紧密关系。

②"木质箱体"

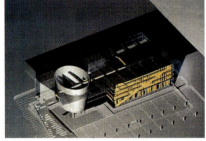 

"木质箱体"是博物馆主要展区所在。展室由浅色的单元式木板围合而成，每个单元木板宽1.5m，高4.5m，垂直中线处设转轴，可按不同需要随意打开和关闭。虽然材质本身非常传统，但随机组合的均质立面却具有鲜明的时代特征。在展厅北侧2.5m处，我们又增加了一排单元木板，大小与外部一致，但每块木板间距1.5m，且选用深色木材。这样在为展室增加一条联系走道的同时，使建筑主立面的层次更加丰富。为了使空间更加纯净统一，展室地面采用了木地板。

③"砖墙"

 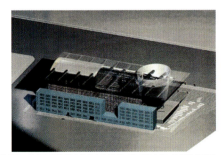

"砖墙"对于博物馆的整体空间来说，是一个冷静的背景，衬托出其他部分的丰富和繁华；从功能上讲，这里是非展览区，公众人流不进入的地方。因此，我们选择了灰砖作为墙面和地面材料，立面采用统一的横向窄窗来淡化处理，整体形象清晰而不张扬。除了墙面，灰砖还被运用于入口大厅的地面。

④"金属屋顶"

"金属屋顶"，作为现代建造科技的传达者，将具有浓郁历史气质和个性的"青铜器"、"木质箱体"和"砖墙"都轻松统一在它的笼罩之下。通过将结构体系置于屋面板上部，光滑的底面效果使其更符合金属本身特点和现代审美要求。

⑤"玻璃幕墙"

"玻璃幕墙"分别出现在入口大厅、"木质箱体"的外侧和南部砖墙上部，三部分均采用透明玻璃，但细节处理各不相同。木质展室外部的幕墙比其他部分更为通透，精致的玻璃节点处理与内部质朴的木材交相辉映；南侧玻璃内部加有格栅调节阳光角度，因此外部观感层次丰富。

景观设计

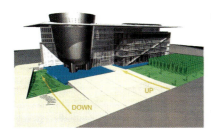

绿坡、竹子、树木、水池,这些不同的自然元素隐喻着艺术和自然的关系。

基地景观设计主要由一上一下的两条绿坡组成。上行绿坡以北侧建筑红线为基点,由±0.00开始向南渐渐升起直至+2.00m,然后人们通过一座凌于水面之上的桥进入博物馆;建筑本身的柱网以嵌在广场地面上的金属条形式延伸出来,最后变成高达6m的内夹旗帜的双层玻璃;绿坡的西侧为成组种植的树木,树不是与建筑内部相同的木板,或立墙,或卧成凳,仿佛从建筑之内自然延伸出来。下行绿坡开始于基地东北角,人们在郁郁葱葱的竹林蜿蜒穿行,同时可以看到坡道西侧流水从+2.00m沿餐厅的玻璃飞流而下,激起的水雾在阳光下形成一道绚丽的彩虹。从坡道的尽头可以进入博物馆,透过玻璃,中庭内的竹林清晰可见。

下沉庭院的竹林郁郁葱葱

人们经过一片清澈的水面进入博物馆

光线

不同的建筑形体和生动的空间设计造就出丰富的光影效果,使建筑在一天内随时间变化而呈现出不同的外观。

清晨、正午和黄昏,阳光以我们的建筑为道具,进行着一出出光与影的表演。

上午

中午

黄昏

功能分区

本方案总建筑面积为63720m²,建筑高度53.1m,建筑层数为7层,地下2层。博物馆三个形式不同的体块分别代表不同的功能分区。

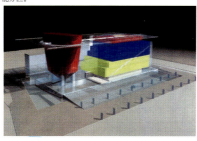

东北角的"青铜器"上部六层为专题展室,最底层是多功能厅;北侧"木质箱体"层层退台,地下一层和一二层是临时展厅,三、四、五为基本展厅,顶层是专题展厅,以天桥和"青铜器"分相联系。

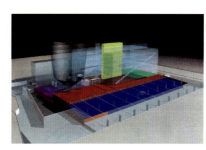

藏品库区、安全保卫区以及车库位于地下一二层。

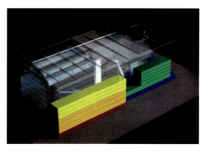

"砖墙"为非展陈区,包括位于东侧的社会教育区、西侧的业务科研区和行政办公区。

映射

平滑的金属屋顶底部经过特殊的抛光处理,具有镜子般的反射效果,下面的一切物体:古朴的青铜器,肌理自然的木质箱体,广场上漫步的人们,都清晰地映射在金属表面上。广场上的水面同样具有反射功能,但较为模糊和动态,"青铜器"的底部架空在水面之上,实体和倒影共同构成奇异的视觉景观,青铜、木、人群、水、过去和未来、虚幻和现实,人工和自然都在这里交汇,融合成为一体。

当幕色降临,博物馆变成了城市的舞台,以黑夜为背景,不同形式、材质和颜色的体量轮流登台亮相。灯光分别从青铜、木、灰砖的内部穿射出来,让人领略到历史与文化的感人魅力。

大厅透视

青铜、木和砖是三种具有中国传统色彩的材料；
本方案中，材料、形式、功能分区几部分之间有非常明确的对应关系；

青铜

青铜器是西周时期常见的一种容器，后发展成为权力和地位的象征物。厚重的肌理使青铜具有浓郁的历史气息。

"青铜器"

一个鼎的变形体，平面为椭圆，上部渐渐张开，内部是专题展室。

木

木构是中国古代建筑最重要的特征。

"木质箱体"

由单元木板围合而成，一侧呈45°退台，是主要的展区所在。

砖

灰砖被大量运用于北京的城墙、门楼上，成为辉煌的皇家建筑的沉稳背景。

"砖墙"

简洁的矩形体，非展览功能区。

它们与其他现代材料一起，共同创造出功能清晰、造型别致、空间开放，属于北京的现代博物馆。

空间
入口大厅

博物馆的入口空间由"青铜器"和"木质箱体"两个实体的缝隙自然形成,大厅和城市的惟一界限是高达42m的玻璃幕墙,通透而开放,在视觉上成为城市空间的一部分。西侧木质展厅退台布置,使入口大厅更加开阔;东侧略显神秘的"青铜器"面对大厅有一梯形开口,从中伸出两条角度、坡度各不相同的步行天桥,穿越大厅上空,到达对面的展厅平台;穿过南面"砖墙"缺口和屋顶天窗的自然光线使这个室内空间温暖而明亮,充满勃勃生机。

中庭

中国古代,人们进入正房或阁楼之前,通常先要穿过庭院。首都博物馆旧馆(原国子监)的布局就是这种方式。

本方案中,人们进入展室之前同样要先穿过种满竹子的"庭院"。它位于"木质箱体"和"砖墙"之间,四组连续向上的自动扶梯和楼梯构成了空间的重要特征,是到达临时展厅和基本展厅的必经之路。这种"先院后厅"的流线组织在内敛地表述着一种东方情节。中庭南侧上部是高18m的玻璃幕墙,可为室内竹林的生长提供充足的阳光,玻璃内面设格栅可随意调节进光角度。

平台

"木质箱体"内的展室每层都设面向大厅,赋予展厅一种充满现代的开放感,45°的退台布置使空间更加丰富有趣。

面向城市的坡道:
当人们在参观过程中略感劳累,或欲结束参观,可从展厅北侧出来,沿坡道拾阶而下,通透的玻璃界面,精巧的幕墙节点,还有窗外喧嚣的大千世界都让沉浸在历史长河中的人们颇为震动,时空交错,不禁感慨万千。

餐厅

基地位于繁华的街口,在如此嘈杂的城市环境里,若想觅到幽静之处似乎不大可能。然而当人们步入位于地下一层的餐厅,扑面而来的是一片水声,让人顿时心旷神怡;穿过顺玻璃飞流而下的瀑布,可隐约看见竹林郁郁葱葱,俨然已到世外桃源。最引人之处是透过屋顶一处天窗,可以看到"青铜器"的底部,视觉效果奇妙动人。

法国 DUBOSC & LANDOWSKI ARCHITECTES —— ALBINI ARCHITECTE CONSULTANT

方案设计的特点

博物馆不仅仅是为了文物的展览,其建筑本身也成为展览的一部分。

在顶层和地下层设计了一种放置精品的"小博物馆",每层只有一个展厅,因为过多的展品会妨碍参观者与展品之间的交流,要想使展品有魅力,就应当让展品显得独一无二。"小博物馆"有很强的个性,它甚至应该成为博物馆的标志。那些下沉入土的展厅空间低矮,气氛神秘,几乎置身禁区。顶层的小博物馆展厅内部净高越来越大,越来越透明,它们高高升起在北京心脏地段,萌发出一根直冲云天的芽,这是天根。

建筑与城市

这一未来的建筑应首先嵌入城市的历史。在建筑造型上借鉴了历史上两种活动结构,一是蒙古包的帐篷结构。蒙古包的结构和层面对方案草图起了一定指导作用。另一个是大运河上的帆船,本方案也从中吸取了灵感,博物馆就像一艘巨大的沉船,其侧腹诱使人们揣测仓内可能会聚的财宝。

这一建筑深深植根在城市历史之中,之所以选定这个样式,就是因为它不是不动的,同自然要素"风"结合在一起,成为一种新的建筑形式:风帆涨满,绑满了结构杆件和钢索。

鸟瞰图

创作联想

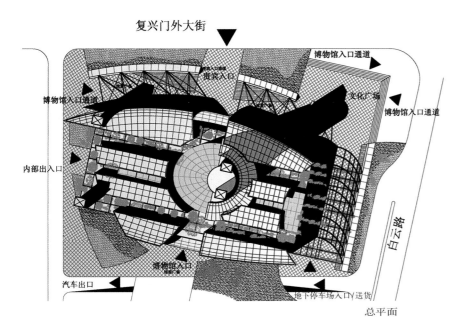

总平面

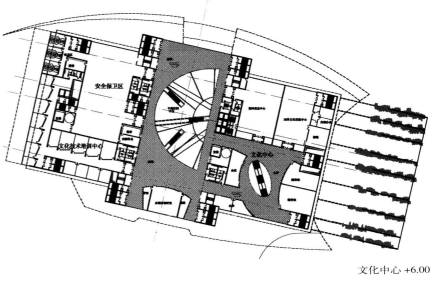

文化中心 +6.00

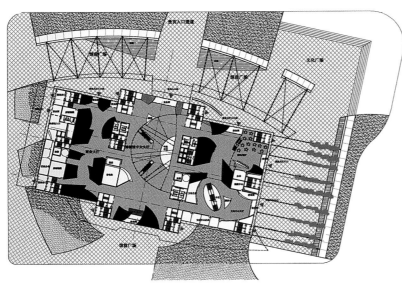

博物馆大厅／商业步行街 -2.00/0.00

可参观艺术藏品 -14.00

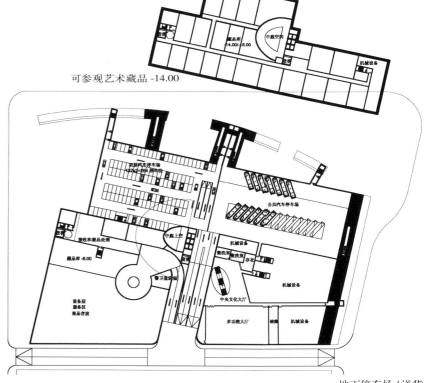

地下停车场／送货

北侧夜景透视

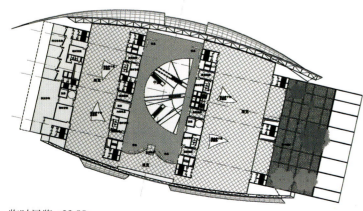

临时展览 +22.00

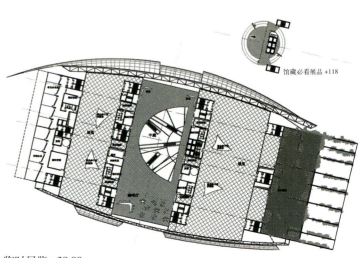

临时展览 +38.00

在平面组织不变的情况下，立体造型可以有多种变化

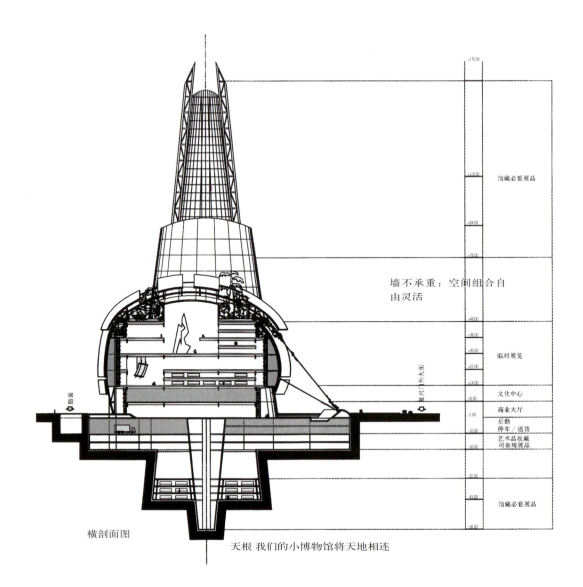

墙不承重：空间组合自由灵活

横剖面图

天根 我们的小博物馆将天地相连

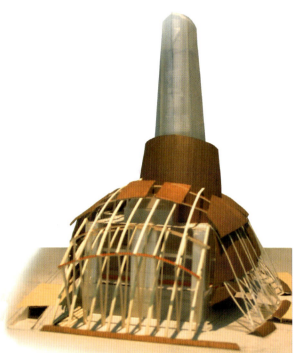

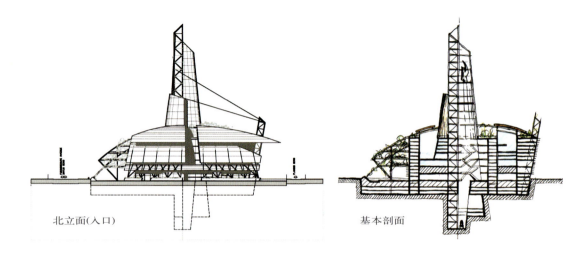

北立面(入口)　　　基本剖面

大厅俯视

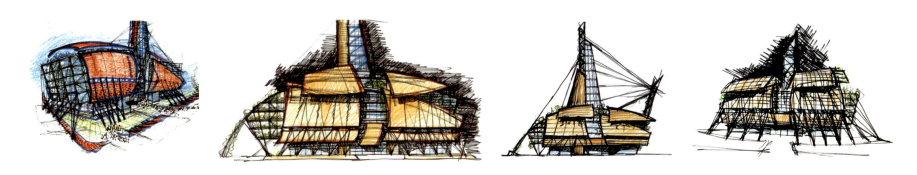

德国克里休斯建筑设计事务所

1. 主题与创意

首都博物馆的宗旨和内涵

北京首都博物馆是发人深省之处，它使人们领略到这个伟大国家的希望，是一部文化和社会发展的史诗，是一座具有庄严和魅力的圣殿，而并非一般的娱乐休闲之地。

中国建筑艺术的神韵

中华建筑艺术既博大精深，又随着时代和建筑作用的不同而各具风彩。但凡重大文化建筑，如寺庙和宫殿，都有某些共同之处，充溢着宁静的气韵和慑人魂魄的力量。某些特征延续数百年。院墙环绕的广场，引人登堂入室的阶梯，迎来送往的门厅以及许多重大建筑物独特的柱廊和宽大的天井，再加上宁静和庄严的对称布局。对这些特征不能只是简单的仿效，首都博物馆新馆的建筑风格应具有强烈的时代气息又使传统的中华建筑艺术的鲜明特色通过新形式，新材料得以体现。

建筑师的独特风格

我个人的理论和艺术的风格与中国建筑艺术十分默契，对称的格局，分寸感和数量感，模数化的节奏和韵律，造型和诗意，这都是我的建筑设计的个性特征。

2. 方案特点

建筑形象

本建筑给观众留下宁静和庄严的印象。博物馆是一座圣殿，它的造型，象征着完美，让人肃然起敬，又充满魅力和喜悦的气氛。如同许多中国建筑一样，具有石头和青砖的基座，空间框架结构屹立其上。建筑立面由金属板、青铜和窗间的玻璃构成。

文化广场和前厅

馆前的文化广场是观众所进入的第一场所。这个开放的广场高出街面90cm，博物馆的整个地界由与广场齐高（+0.90m）的矮墙所环绕。沿着三个平行的大阶梯，由喷泉、假山和较小的(尽可能是古典的)雕塑装点的广场拾阶而上，步入较高的前厅。这个前厅是博物馆的屏障，人们可以从这里看到广场上的情景并由此进入博物馆内。这个大厅蕴含了中国宫殿和寺庙柱廊的形制。

北侧透视

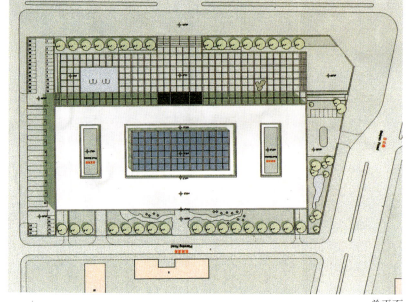

总平面

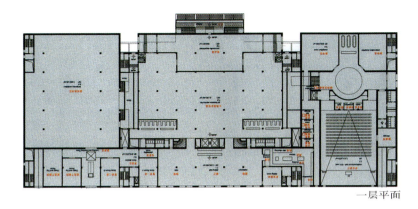

一层平面

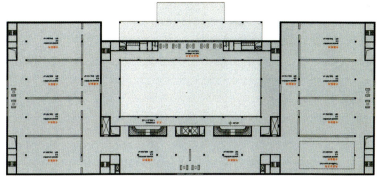

四层平面

二层平面

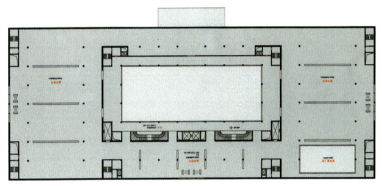

五层平面

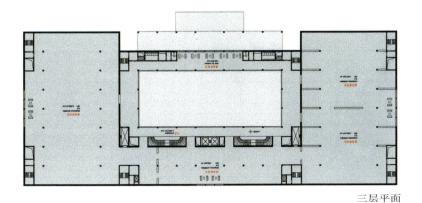

三层平面

六层平面

大厅透视

剖面 A

剖面 B

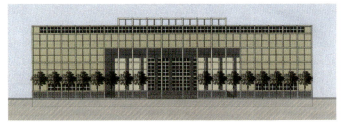

北立面

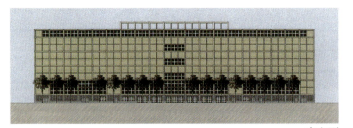

南立面

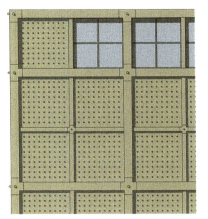

外墙立面

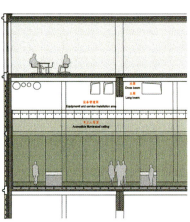

剖面图

北入口外墙

修改后的立面

图书在版编目(CIP)数据

首都博物馆新馆建筑设计征集方案集/北京市首都博物馆新馆
工程建设业主委员会.—北京：中国建筑工业出版社，2004
ISBN 7-112-06822-3

Ⅰ.首... Ⅱ.北... Ⅲ.博物馆－建筑方案－北京市－选集
Ⅳ.TU242.5

中国版本图书馆 CIP 数据核字（2004）第 099357 号

责任编辑：郭洪兰
责任设计：郑秋菊
责任校对：刘玉英

首都博物馆新馆建筑设计征集方案集
北京市首都博物馆新馆工程建设业主委员会
*
中国建筑工业出版社出版、发行(北京西郊百万庄)
新华书店经销
北京嘉泰利德公司制版
北京方嘉彩色印刷有限责任公司印刷
*
开本：787 × 1092 毫米　1/12　　印张：$12^{2}/_{3}$ 字数：370 千字
2005 年 6 月第一版　2005 年 6 月第一次印刷
印数：1—2,000 册　定价：**133.00** 元
ISBN 7-112-06822-3
　TU · 6069(12776)

版权所有　翻印必究
如有印装质量问题，可寄本社退换
(邮政编码100037)

本社网址：http://www.china-abp.com.cn
网上书店：http://www.china-building.com.cn